NOTES

| TOUR | TOUR | EAT | EAT | SHOPPING | SHOPPING | CHECK | CHECK |

| TOUR | TOUR | EAT | EAT | SHOPPING | SHOPPING | CHECK | CHECK |

TRAVEL PACKING CHECKLIST

Item	Check	Item	Check
여권	■	_____	■
항공권	■	_____	■
여권 복사본	■	_____	■
여권 사진	■	_____	■
호텔 바우처	■	_____	■
현금, 신용카드	■	_____	■
여행자 보험	■	_____	■
필기도구	■	_____	■
세면도구	■	_____	■
화장품	■	_____	■
상비약	■	_____	■
휴지, 물티슈	■	_____	■
수건	■	_____	■
카메라	■	_____	■
전원 콘센트 · 변환 플러그	■	_____	■
일회용 팩	■	_____	■
주머니	■	_____	■
우산	■	_____	■
기타	■	_____	■

MY TRAVEL PLAN

✈

Day 1

Day 2

Day 3

Day 4

Day 5

Memo.

지금, 칭다오

지금, 칭다오

지은이 고승희·노근태
펴낸이 임상진
펴낸곳 플래닝북스

초판 1쇄 발행 2016년 7월 15일
초판 4쇄 발행 2017년 3월 15일

2판 1쇄 발행 2019년 1월 10일
2판 2쇄 발행 2019년 1월 15일

출판신고 1992년 4월 3일 제311-2002-2호
10880 경기도 파주시 지목로 5(신촌동)
Tel (02)330-5500 Fax (02)330-5555

ISBN 979-11-6165-499-7 13980

www.nexusbook.com

나만의 맞춤 여행을 위한
완벽 가이드북 05

지금, 칭다오

고승희 · 노근태 지음

Qingdao

플래닝
북스

칭다오는 저희에게 각별한 도시입니다. 저는 칭다오의 하늘과 바다를 볼 때면 저의 푸르렀던 20대가 떠올라 애틋합니다. 톈진에서 어학연수를 하던 초여름 주말에 친구들과 즉흥적으로 야간열차를 타고 처음 칭다오로 향했습니다. 딱딱한 의자에 앉아 칭다오 맥주를 마시며 두런두런 이야기하고, 새벽녘 칭다오에 도착할 즈음 바다 위로 떠오른 찬란한 일출에 눈을 떠 감동했습니다.

이른 아침 상쾌한 바닷바람을 가르며 잔교를 거닐고, 제6 해수욕장에서 나룻배를 타고 노를 저으며 파란 바다로 나갔던 기억, 팔대관의 짙푸른 가로수 거리를 산책하며 친구들과 콧노래를 흥얼거리고, 5시간의 산행 끝에 라오산 정상에 올라 바다와 산이 일체가 된 풍경에 감탄했습니다. 마음이 들떠서 엉뚱한 길로 내려와 만난 어촌 마을이 몹시도 아름다워, 동네 주민의 오토바이를 얻어 타고 마을을 누볐던 그날이 15년이 흐른 지금도 생생합니다.

결혼한 후에는 이 책의 공동 저자인 남편과 여러 번 칭다오에 갔습니다. 저희는 자유롭고 평화로운 분위기가 감도는 칭다오가 좋았습니다. 계절에 관계없이 수영복을 입은 채 조깅하는 사람이 있고, 맥주를 비닐봉지에 담아 팔고, 하늘과의 경계가 모호할 정도로 푸른 바다가 펼쳐진 해안을 따라 산책로를 걷는 게 즐거웠습니다. 물론 맛있는 칭다오 맥주와 싱싱한 해산물 요리를 저렴하게 먹는 즐거움도 컸답니다.

19세기 말 독일은 칭다오를 17년간 조차지로 삼고 350여 채의 독일식 건물을 지었습니다. 그때의 유럽풍 건축물들과 예쁘게 자란 나무가 어우러진 골목은 어느덧 세월의 더께가 쌓이고 반들반들 윤이 나서 정겨웠습니다. 저희는 숨겨진 보물찾기를 하듯 옛 정취가 스며 있는 골목을 찾아내어 산책을 즐겼습니다. 유서 깊은 건물에 들어선 카페에서 커피를 마시는 기분도 특별했답니다. 옛 모습 그대로 보존된 카페 안은 마치 100년 전으로 걸어 들어간 듯했습니다.

비로소 중국의 저명한 문화계 인사들이 유독 칭다오에 많이 거주했던 이유를 알 것 같았죠. 칭다오의 남다른 매력을 발견한 남편은 여행자들이 칭다오를 쉽게 여행하기 바라는 마음으로 한국인을 위한 칭다오 시티투어 버스를 운영하기도 했습니다.

이렇게 저희가 좋아하는 칭다오를 책으로 소개하게 되어 기쁩니다. 그동안 수없이 칭다오를 여행했지만, 봄·여름·가을·겨울 계절마다 다른 매력을 지닌 칭다오를 소개하고자 지난 1년간 저희는 칭다오를 수시로 드나들었습니다.

아무쪼록 이 책을 통해 저희가 발견한 칭다오의 아름다움이 잘 전달되기를, 무엇보다 여러분이 칭다오를 즐겁게 여행하는 데 도움이 되길 바랍니다. 마지막으로 책이 출간되기까지 함께 고생한 편집부와 디자인팀에게 깊은 감사의 마음을 전합니다.

고승희·노근태

트래블 하이라이트

지금 칭다오에서 꼭 보고, 먹고, 놀아야 할 것
들을 모았다. 칭다오를 잘 몰랐던 사람들은
이곳을 미리 여행하는 기분으로, 잘 알던 사
람들은 새롭게 여행하는 기분으로 여행의 핵
심을 파악할수있다.

테마별 추천 코스

지금 당장 칭다오로 떠나도 만족스러운 여행
이 가능하다. 언제, 누구와 떠나든 모두를 만
족시킬 수 있는 다양한 여행 가이드 루트를
제시했다. 자신의 여행 스타일에 따라 루트
를 골라 따라하기만 해도 만족도, 편안함도
두 배가 될 것이다.

지역 여행

지금 여행 트렌드에 맞춰 칭다오를 8개 지역으로 나눠 그 일대별 베스트 코스와 핵심 관광지를 소
개한다. 관광 명소, 쇼핑 스폿, 레스토랑 등 여행자라면 꼭 가 봐야 할 정보를 꼼꼼하게 담았다.

지도 보기 각 지역 지도와 주요 관광지를 표시해 두었다. 종이 지도의 한계를 넘고, 디지털의 편리함을 이용하고자 하는 사람은 해당 지도 옆 QR코드를 활용하자.

베스트 코스 보기 지역별로 추천 코스를 제시하고, 스폿을 간략 지도에 표시하여 전체적인 여행 동선을 가늠해 볼 수 있다.

추천 숙소

여행의 전체 만족도를 크게 좌우하는 요소는 바로 숙소다. 자신의 여행 취향과 예산에 맞춰 숙소를 고르는 노하우와 가격대별 추천 숙소를 소개했다.

여행 정보

초보자를 위한 칭다오 여행 기본 정보, 여행 준비, 항공권 예약, 칭다오 공항에서 시내로 이동하기 등 출발부터 현지 여행에 필요한 노하우를 담았다.

지도 및 본문에서 사용된 아이콘

🚇 지하철역	🍴 식당	🛍 쇼핑몰
☕ 카페	📷 관광 명소	➕ 거리
🏛 박물관	👣 발 마사지	🏨 호텔
📮 우체국	➕ 병원	🌊 해변
🌳 공원	🎓 학교	📍 기타 명소

중국어 발음 일러두기

중국어 발음의 한글 표기는 지명, 산, 인명은 국립국어원의 외래어 표기법을 따랐고, 그 밖의 모든 발음은 현지에서 소통하는 데 도움이 되도록 중국어 발음에 최대한 가깝게 표기하였다.

contents

Qingdao

트래블
하이라이트

칭다오의
여행지

하늘과 경계가 모호할 정도로 짙푸른 바다, 해안선을 따라 펼쳐진 기암괴석들, 독일이 남긴 유럽풍 분위기와 건축물, 야트막한 산과 푸른 나무에 둘러싸인 골목. 이런 잔잔한 아름다움이 한데 어우러진 칭다오는 몇 번을 여행해도 질리지 않는 매력이 있다. 특히 계절마다 각기 다른 아름다움을 발산해서 여러 번 방문해도 매번 흥미롭다.

잔교 栈桥 [짠치아오]

잔교에서 바라보는 바다는 하늘과의 경계가 모호할 정도로 푸르다. 육지는 초록빛 나무들 사이로 붉은 지붕을 얹은 유럽풍 주택들이 별처럼 반짝인다. 겨울이면 잔교를 선회하는 새하얀 갈매기 떼가 즐거움을 안긴다.

신호산 信号山 [신하오산]

해발 98m 산꼭대기의 전망대에 오르면 구시가지를 360˚ 방
향에서 감상할 수 있다. 바다에서는 잔교와 소청도를, 육지
에서는 영빈관, 저장루 천주교당, 장쑤루 기독교당 등을 찾
아보는 재미가 있다.

소어산 小鱼山 [샤오위산]

바다와 이웃한 해발 60m의 산. 정상에 세운 남조각 전망대에 오르면 칭다오의 깊고 푸른 바다가
한눈에 들어온다. 제1 해수욕장을 사진 촬영하기에도 매우 좋은 지점이다.

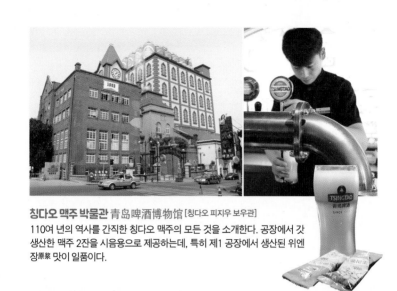

칭다오 맥주 박물관 青島啤酒博物館 [칭다오 피지우 보우관]
110여 년의 역사를 간직한 칭다오 맥주의 모든 것을 소개한다. 공장에서 갓 생산한 맥주 2잔을 시음용으로 제공하는데, 특히 제1 공장에서 생산된 위엔장原浆 맛이 일품이다.

팔대관 八大关 [빠따꽌]
10개의 도로가 교차하는 팔대관에는 각 도로마다 다른 품종의 가로수를 심어 놓아 산책이 즐겁다. 우람한 가로수 사이로 1920~1930년대 지은 유럽식 별장 150여 채가 멋지게 보존돼 있다.

연인 제방 情人坝 [칭런빠]
바다를 향해 놓인 제방을 거닐며 붉게 물들어가는 하늘과 바다를 감상하기에 더없이 좋다. 제방 끝 등대에서는 바다 건너 5·4 광장이 한눈에 들어온다.

부산 삼림 공원 浮山森林公园 [푸산 썬린 꽁위엔]
해발 최고 389m, 산마루에서 바라보는 전망이 그림처럼 아름답다. 석노인 해수욕장 일대는 물론 구시가지와 신시가지까지 모든 것이 눈앞에 파노라마처럼 펼쳐진다.

대주산 大珠山 [따주산]

화강암으로 뒤덮인 봉우리들이 저마다 기이하고, 아름다운 산책로가 입구에서 출구까지 이어진다. 매년 4월이면 온 산에 진달래가 만발하여 1년 중 최고로 아름답다.

라오산 崂山

바다와 산이 하나로 연결된 풍경이 독특하다. 예부터 중국인들은 라오산을 가리켜 '타이산의 구름이 아무리 높다 한들 동해의 라오산만은 못하다'라고 예찬했다.

칭다오의 멋

칭다오는 산책하기 좋은 도시다. 오래전 독일이 남긴 유럽풍 건물들과 옛 정취가 스며 있는 골목길, 시내의 5개 해수욕장을 연결하는 해안 산책로, 계절마다 다른 분위기를 발산하는 야트막한 산들이, 걷는 즐거움을 선사한다. 라오산의 해안가에 들어선 어촌 마을 산책도 아주 흥미롭다. 더불어 카페 문화가 매우 발달한 칭다오에서 산책 후 유서 깊은 건물에 들어선 카페에서 커피를 한잔 마셔 보자.

독일이 남긴 유서 깊은 건축물

110~80여 년전 독일이 지은 유럽풍 건축물이 도시에 특별한 운치를 더한다. 지금까지 보존된 당시의 건축물은 총 350여 채. 그중 상당수가 구시가지의 쭝샨루中山路, 광시루广西路, 후난루湖南路, 이쉐이루沂水路에 지어졌다. 이 일대는 산책 삼아 걸어도 좋은데, 다음 소개한 5개 건축물은 디자인과 의미가 특별하니 방문해 보기를 추천한다.

저장루 천주교당
浙江路 天主教堂
[저장루 티엔주지아오탕]

1932년 독일이 지은 성당으로 1970년대까지 구시가지에서 가장 높은 건물로 꼽혔다. 외관이 웅장하고 아름다워서 지금은 웨딩 촬영 명소가 되었다.

장쑤루 기독교당 *江苏路 基督教堂* [장쑤루 지뚜지아오탕]

1908년 독실한 기독교 신자였던 독일 총독이 자금을 투자해 지은 교회다. 파스텔 톤의 녹색 동으로 장식한 첨탑이 아름다워서 칭다오 여행을 홍보하는 사진에 단골로 등장한다.

영빈관 迎宾馆 [잉삔관]

옛 독일 총독의 관저였으며, 중세의 고성을 빼닮은 영빈관은 신호산의 푸른 숲에 둘러싸여 분위기가 은밀하고 근사하다.

교오 총독부 胶澳总督府
[지아오아오 총뚜푸]

옛 독일 총독부였으며, 거대한 건물의 좌우가 완벽하게 대칭을 이룬다. 정문을 기준으로 좌우에 6개의 도로가 부채꼴 모양으로 펼쳐져서 건물이 실제보다 더 웅장해 보이는 효과가 있다.

화석루 花石楼 [화스러우]

1930년에 지은 러시아 귀족의 개인 별장으로, 화강암을 비롯해 다양한 돌로 장식한 외관이 독특하다. 맨 위층의 테라스에 오르면 제2 해수욕장이 한눈에 들어온다.

타박타박 정겨운 골목 산책

이국의 도시와 친해지는 가장 좋은 방법은 골목 산책이다. 구시가지에는 오래되고 예쁜 골목이 여러 군데 있다. 산책을 즐기는 여행자라면 위산루鱼山路에서 시작해 칭다오 미술관을 관람하고, 따쉬에루大学路를 거쳐 라오서 고택이 있는 황시엔루黄县路까지 걷기를 추천한다. 골목마다 각각의 운치가 있고, 주민들의 정겨운 일상도 볼 수 있다. 시간이 많지 않으면 다음 소개한 골목 중 1~2곳만 선택해서 걸어도 좋다.

진커우루 金口路

야트막한 언덕 위에 뻗은 진커우이루金口一路에서 진커우싼루金口三路까지 골목을 따라 서로 다른 디자인으로 지은 유럽풍 주택이 이어진다. 각 대문 앞에 중국어 번호판이 달린 자동차가 없었다면, 유럽이라 해도 믿을 정도로 이국적인 풍경을 자랑한다.

리위엔 里院

베이징의 후퉁胡同, 상하이의 롱탕
弄堂처럼 칭다오를 대표하는 옛 골
목이다. 아치형 대문을 지나 골목에
들어서면 유럽식 연립 주택을 닮은
2~3층의 건물이 연달아 이어진다.

꽌샹이루 观象一路

과거 부유한 정계 고위 관료들이 모여
살았던 골목이다. 아이보리색 유럽풍 주택이
즐비하다. 유유자적 꽌샹이루를 걷고 이웃한 관상산에
올라 구시가지를 내려다보는 것이 추천 산책 루트다.

위샨루 鱼山路

20세기 초 중국의 저명한 문화 인사들이 살았던 고택들이 골목에 고스란히 보존돼 있다. 경사진
골목을 따라 바닥에는 돌을 직사각형으로 다듬어 깐 마야석루马牙石路가 고색창연하다.

최고의 해수욕장은 어디?

청다오 시내에는 제1, 2, 3, 6 해수욕장과 석노인 해수욕장이 있다. 이 5개 해수욕장은 빈해 보행 도라고 부르는 36.9km의 해안 산책로를 따라 전부 연결된다. 뿐만 아니라 황다오에도 282km의 아름다운 해안선이 있다. 백사장의 모래가 곱고, 바닷물이 맑으며, 규모가 큰 해수욕장을 찾는다 면, 청다오 시내보다는 황다오의 해수욕장들을 추천한다. 그러나 해수욕장마다 각각의 특색이 있으니, 기회가 되면 모두 방문해 보자.

제1 해수욕장 第一海水浴场
[띠이 하이쉐이위창]

칭다오 시내의 5개 해수욕장 중에서 현지인들이 가장 즐겨 찾는 해수욕장이다. 한겨울에도 수영복 차림으로 바다에서 수영하는 사람이 있을 정도며, 백사장에 앉아 잔잔하게 밀려오는 파도를 감상하기에도 좋다.

제2 해수욕장 第二海水浴场 [띠얼 하이쉐이위창]

칭다오 시내에서 백사장 모래가 제일 곱고, 수질이 가장 좋은 해수욕장으로 꼽는다. 고급 별장이 밀집한 팔대관 남단에 위치하여, 20세기 중반까지는 고위 관료들의 전용 해수욕장으로 사용됐다.

제3 해수욕장 第三海水浴场 [띠싼 하이쉐이위창]
신시가지의 빌딩 숲이 한눈에 들어오는 해수욕장이다. 화창한 날 이곳 백사장에서 바라보는 바다와 빌딩 숲의 조화가 신비로울 만큼 아름답다.

금사탄 金石灘 [진스탄]
황금빛 백사장의 길이가 3.5km에 달해서 한여름에도 '나만의 한적한 공간'을 찾을 수 있다. 가을부터 겨울까지 바다는 더욱 짙푸르게, 백사장은 한층 더 진한 황금색으로 빛난다.

영산만 제1 해수욕장 灵山湾第一海水浴场 [링산완 띠이 하이쉐이위창]
밀물과 썰물이 교차하는 풍경이 근사하다. 9~10월이면 조수간만의 차를 이용해서 어민들이 대형 그물로 고기를 잡는 광경을 볼 수 있고, 백사장에서 조개도 캘 수 있다.

매력 만점의 해안 산책로 36.9km

칭다오는 산책을 부추기는 도시. 특별히 빈해 보행도濱海步行道[삔하이 뿌싱따오]라고 부르는 해안 산책로가 정말 매력적이다. 잔교가 있는 구시가지에서 5·4 광장이 있는 신시가지 그리고 석노인 해수욕장까지 해안을 따라 36.9km의 산책로가 이어진다. 이 길을 걸으며 칭다오의 야트막한 산과 깊고 푸른 바다를 감상하노라면, 칭다오의 아름다움에 흠뻑 취하게 된다. 최고의 하이라이트 구간을 소개하니, 취향에 따라 선택하여 걸어 보자.

해변 조소원에서 극지해양세계

총 1.5km 구간으로, 조용히 사색을 즐기고 싶은 여행자에게 추천한다. 산책로를 따라 다양한 조각 작품이 이어져서 감상하는 재미가 있고, 극지해양세계 밑에는 분위기 좋은 카페가 여럿 있다.

루쉰 공원에서 제1 해수욕장
총 1.1km 구간으로, 거리는 짧지만 임팩트가 강렬하다. 소나무가 어우러진 해변 산책로를 걸으면서 바다와 기암괴석을 감상하는 것이 포인트. 천천히 걸어도 20~30분이면 산책이 끝난다.

제2 해수욕장에서 제3 해수욕장
총 1.7km 구간으로, 해안에 펼쳐진 기암괴석이 다채롭고 아름답다. 봄부터 가을까지는 기암괴석 위에서 웨딩드레스를 입은 신부와 신랑이 북적인다. 해변 웨딩 촬영의 명소다.

당도만 빈해 공원 唐岛湾滨海公园 [탕다오완 삔하이 꽁위엔]

자전거를 타고 색다른 산책을 즐겨 보자. 황다오의 해안을 따라 조성한 대형 공원인데, 걷기 좋은 산책로와 자전거 전용도로가 나란히 10km 이어진다.

5·4 광장에서 연인 제방

총 2.3km 구간으로, 해질 녘의 산책 명소다. 깊고 푸른 바다가 붉게 물드는 광경이 아름답고, 봄부터 가을까지 바다에서 윈드서핑을 즐기는 사람들을 볼 수 있다.

올망졸망 소박한 어촌 산책

도심을 벗어나면 해안가에 올망졸망한 어촌이
여럿 있다. 여행자에게는 라오산의 해안가와
황다오의 해안가에 있는 어촌을 추천한다. 그
림엽서에나 나올 법한 푸른 바다와 맑은 하늘,
통통배가 정박해 있는 작은 부두, 때로는 녹차
밭이 근사하게 펼쳐진다. 타박타박 거닐며 구
경하는 것만으로도 행복해지는 곳이다.

고가도 顾家岛 [꾸쟈다오]
해 질 녘 풍경이 근사해서 사진 촬영하기 좋다. 황다오에서 가장 오래된 부두가 있고, 노을이 질 무렵 중국 국기를 단 작은 선박들이 부두 주위로 모여든다. 온 세상이 붉게 물든 풍경이 장관이다.

반령촌 返岭村 [판링춘]

라오산 해안가에 위치한 작은 어촌이다. 계단식 녹차 밭과 바다가 어우러진 풍경이 평화롭기 그지없다. 이곳에서 1.8km 떨어진 조용한 취촌雕龙嘴村[띠아롱주이춘] 마을까지 자연을 감상하면서 걷기 좋다.

29

커피 향기가 그윽한 카페 거리

칭다오는 커피와 카페 문화가 매우 발달했다. 도심에만 4개의 카페 거리가 형성돼 있고, 유서 깊은 건물에 입점한 카페는 분위기가 특별하다. 이 많은 카페가 대부분 독자적인 브랜드를 걸고 영업해서 더욱 반갑다. 4개의 카페 거리와 개성 만점의 카페를 엄선해 소개하니, 칭다오의 커피 맛을 즐겨 보자.

따쉬에루 大学路
구시가지에서 아름다운 거리로 손꼽히는 따쉬에루를 따라가면 작은 카페들을 만날 수 있다. 칭다오 미술관에서 라오서 고택이 있는 황시엔루黃县路까지 카페가 즐비하다.

마리나 시티 서쪽 구역
百丽广场西区
올림픽 요트 센터에 있는 마리나 시티 몰 서쪽 구역 1층에 예쁜 카페가 옹기종기 모여 있다.

민장얼루 闽江二路
노천 테라스를 보유한 카페 밀집 거리. 486m의 민장얼루를 따라 카페 20여 개가 이어진다. 봄부터 가을까지 모든 카페가 노천 테라스를 운영한다.

극지해양세계 极地海洋世界 아래의 해변 산책로
바다를 바라보며 커피를 마실 수 있는, 전망 좋은 카페가 5~6곳 모여 있다.

쥐라프 커피 長頸鹿咖啡
[창징루 카페이]

소박한 분위기가 매력적인 카페. 전봇대에 그려진 정겨운 기린 목
캐릭터가 제일 먼저 반겨 준다. 실내는 아담하면서 오래 머물고 싶
을 만큼 따스한 분위기를 자아낸다.

탑루 1901 塔楼 1901 [타러우 야오지우링야오]

칭다오에서 가장 복고풍의 카페. 1901년 건물이 지어졌을 때
실내의 모습을 고스란히 보존하고 있어 분위기가 특별하다.

안림 커피 安琳咖啡 [안린 카페이]

커피가 맛있는 카페. 이곳에서 운영하는 바리스타 과정이
현지인들에게 인기다. 드립 커피의 맛이 좋고, 수제 샌드위
치가 맛있다. 극지해양세계 아래 해변 산책로에 있어 산책하
다 쉬어 가기 좋다.

키얼 카페 Keer Cafe 哥儿咖啡馆 [꺼얼카페이관]

민장얼루 카페 거리에서 오랫동안 자리를 지키고 있는 카페. 커피 맛보다
는 빈티지한 인테리어와 아늑한 조명이 마음을 사로잡는다.

🏮 유럽 분위기 속 중국 전통의 향기

유럽풍 분위기가 완연한 칭다오에는 중국적인 전통을 간직한 곳이 드물다. 만약 중국적인 전통을 보고 싶다면 다음 4곳을 추천한다. 매우 특별한 볼거리는 아니지만, 중국인들의 삶과 문화가 간직되어 있다.

벽시원 劈柴院 [피차이위엔]

1902년에 조성된 상업 거리. 칭다오가 독일의 조차지였을 때 중국인들은 이곳에서 물건을 사고, 창극과 요지경 등을 관람했었다.

천후궁 天后宮 [티엔허우꿍]

바다의 수호신 '마조'를 모신 사원으로, 15세기에 처음 지어졌다. 독일이 칭다오를 점령한 후 천후궁을 없애려고 했지만, 주민들의 격렬한 항의로 살아남았다.

칭다오시 문화 시장 青岛市文化市场
[칭다오스 원화 스창]

베이징의 반가원潘家园[판자위엔]을 닮은 대형 골동품 시장이다. 평일보다 주말에 훨씬 더 많은 좌판이 펼쳐지고, 손님도 더 많아서 활기가 가득하다.

🎆 흥겨운 축제

칭다오에는 봄, 여름, 가을, 겨울 시즌별로 다양한 축제가 열린다. 반드시 축제에 맞춰 여행할 필요는 없지만, 여행 시기와 축제가 겹친다면 적극적으로 축제에 참가해 보자. 잊지 못할 추억이 될 것이다.

벚꽃 축제 櫻花会
매년 4월 중순부터 4월 말까지 중산 공원에서 성대하게 열린다. 중산 공원의 1km 남짓한 벚꽃 길은 '칭다오의 아름다운 풍경 10선'에도 선정되었다.

맥주 축제 青岛国际啤酒节
1991년 처음 개막한 '칭다오 국제 맥주 축제'는 세계
적인 축제로 자리 잡았다. 매년 8월 둘째 주에 개막하
여 16일 동안 계속된다. 세계 각국의 맥주를 맛볼 수 있
는데, 평소보다 맥주 가격이 비싸다.

국화 축제 菊花展
10월 말부터 11월 중순까지 중산 공원에서 20일간 열린다. 다양한 국화의 종류에 한 번, 만개한
국화의 아름다움에 또 한 번 놀라게 되는 축제다.

그물 낚시 축제 拉网节

9월에 황다오의 영산만灵山湾[링샨완]에서 열리는 물고기 잡이 축제다. 어민과 여행자가 힘을 모아 대형 그물을 끌어당긴다. 실제로 9월부터 10월까지 영산만 제1 해수욕장에서 어민들이 이러한 방식으로 물고기를 잡는다.

무 축제 萝卜会

무를 먹는 축제다. 음력으로 1월 9일부터 15일까지 칭다오 시 문화 시장이 있는 창러루街乐路 문화 거리文化街[원화지에]에서 성대하게 열린다. 중국은 정월초구일에 무를 먹으면 이가 아프지 않고 만병을 예방할 수 있다는 전설이 있어서 현지인들이 적극적으로 축제에 참여한다.

탕치우 축제 糖球会

칭다오에서 가장 큰 민속 축제다. 음력 정월 16일부터 해운암 광장海云庵广场에서 3일 동안 열리며 1백만 명이 다녀갈 정도로 유명하다. 탕치우糖球는 빨간 산사 열매를 대나무 꼬챙이에 꽂아 설탕 시럽을 바른 간식이다. 현지인들은 새로운 한 해가 붉은 산사 열매처럼, 빨갛게 불타오르듯 잘 되길 기원하는 풍습에서 탕치우를 먹는다.

칭다오의 맛

해산물을 좋아하는 여행자에게 칭다오는 천국이나 다름없다. 한국보다 저렴한 가격에 해산물 요리를 먹을 수 있는데, 특히 가을철에 해산물이 가장 다양하고 살이 통통하게 올라서 맛이 최고로 좋다. 칭다오는 각종 산동 요리를 맛보기에도 좋다. 중국 4대 요리로 꼽히는 베이징 요리의 토대가 바로 산동 요리며, 식감이 부드럽고 짭조름하면서 향기가 좋아 우리 입맛에도 잘 맞는다.

💬 칭다오에서 꼭 먹어 봐야 할 요리

칭다오 요리는 싱싱한 해산물을 주재료로 많이 사용하고, 재료 본연의 맛을 살리는 데 치중하여 조리한다. 이런 칭다오식 해산물 요리는 우리 입맛에도 잘 맞는다. 다음 소개한 요리들이 가장 유명하니 꼭 한 번 맛보자.

쏸롱샨뻬이 蒜蓉扇贝

얇은 당면과 마늘 소스를 올려 찐 가리비. 달고 쫄깃한 가리비와 간장을 가미한 마늘 소스의 궁합이 좋다. 바지락 볶음과 더불어 가장 인기 있는 해산물 요리다. 가격은 22~38元이다.

샹라샤 香辣虾

매운 새우 볶음. 조리 방식은 식당에 따라 약간씩 다르다. 일반적으로 통통한 대하를 껍질째 기름에 튀기거나 볶은 다음, 마른 고추를 넣고 기름에 볶아낸다. 매콤하면서 짭조름한 양념이 쫀득한 새우의 육질과 환상의 궁합을 자랑한다. 가격은 48~58元이다.

탕추리지 糖醋里脊

탕수육이다. 산동, 저장, 쓰촨, 광둥 지역에서 두루 즐겨 먹는 요리가 바로 탕수육인데, 중국 사람들은 그중에서도 산동의 탕수육을 최고로 친다. 가격은 28~38元이다.

라차오거리 辣炒蛤蜊

매콤한 바지락 볶음. 라차오거리는 현지인들이 가장 즐겨 먹는 음식이자 맥주 안주로 제격이다. 바지락은 표준어로 '거리蛤蜊'인데 칭다오 사람들은 지역 사투리로 '갈라'라고 즐겨 부른다. 주문할 때 '라치오갈라'라고 외치자. 가격은 20~32元이다.

지아오옌샤후 椒盐虾虎

샤후虾虎는 우리나라에서 '쏙'이라 부르는 해산물이다. 생김새와 맛이 새우와 가재를 섞어 놓은 듯하다. 조리법은 샤후를 찜통에 쪄서 식힌 다음, 기름에 한 번 더 볶고 소금과 후추로 간을 한다. 새우보다 훨씬 더 쫀득하고 달지만, 껍질이 두껍고 가시가 있으니 조심하자. 가격은 52~78元이다.

꺼다탕 疙瘩汤

해산물이나 버섯 또는 야채를 넣고 끓인 중국식 수제비다. 특이한 점은 우리나라처럼 반죽을 넓적하게 떼어 넣는 것이 아니라 밥풀처럼 잘게 썰어 넣고 끓인다. 가격은 12~40元이다.

쩌우 粥

죽 요리로, 각종 해산물 요리와 잘 어울린다. 칭다오에서 시작해 점포를 늘려 가고 있는 죽전죽도粥全粥到[쩌우취엔쩌우따오], 북방 지역에서 시작해 칭다오에서 가장 많은 체인을 운영 중인 삼보죽점三宝粥店[싼바오쩌우띠엔]의 죽이 맛있다. 가격은 8~25元이다.

🥟 만두 요리의 신세계, 산동의 어만두

어만두는 중국어로 '위지아오즈鱼饺子'라고 한다. 산동의 해안 지역에서 해산물과 생선을 넣어 만두를 빚어 온 역사는 유래를 알 수 없을 정도로 오래되었다. 해산물이 들어가서 비릴 것 같지만, 전혀 그렇지 않다. 담백한 맛이 일품이다. 종류도 다양해서 골라먹는 재미가 있다. 어만두의 고장 칭다오에 왔다면 한 끼는 꼭 어만두를 먹어 보자.

황화위 지아오즈 黄花鱼饺子
부세라는 생선을 소로 넣은 만두다.
부세는 조기와 맛이 비슷한데,
가격이 월등히 저렴해서
현지인들이 즐겨 먹는 생선이다.

빠위 지아오즈 鲅鱼饺子
삼치를 소로 넣은 만두다. 참고로
봄철은 칭다오에서 잡히는 수산
물 중에서 삼치가 가장 맛있기로
유명하다.

선가어수교 船歌鱼水饺

칭다오에서 가장 유명한 어만두 전문점이다. 현재 칭다오에만 20개의 체인점이 성업 중이다. 삼치, 부세, 새우, 해삼, 조개, 갑오징어 등을 넣은 어만두를 판매한다. 그 밖에 중국식 볶음 요리와 해산물 요리도 다양하게 준비돼 있다.

싼시엔 지아오즈 三鲜饺子

새우와 부추, 달걀을 넣은 만두다. 생선을 좋아하지 않는 사람에게 추천한다.

모위 지아오즈 墨鱼饺子

만두피는 오징어 먹물로 색을 내고, 갑오징어를 갈아서 만두소를 만든다. 까무잡잡한 생김새가 특별해서 여행자들에게 인기다.

취엔쟈푸 쉐이지아오 全家福水饺

어만두를 다양하게 맛보고 싶다면 이 메뉴를 주문하자. 위에 소개한 만두를 종류별로 2~3개씩 제공한다. 가격은 29~75元이다.

💬추천 레스토랑

칭다오는 많은 식당이 그날 들여온 싱싱한 해산물을 수조와 테이블에 차려 놓고, 손님이 직접 고르게 한다. 재료가 신선하지 않으면 판매하기 어려운 방식이라서 믿음이 간다. 중국어를 전혀 몰라도 주문이 아주 쉽다. 먼저 눈으로 재료의 신선도를 확인한 후, 손가락으로 원하는 재료를 가리키면 주문 끝! 음식 맛이 좋은 식당을 엄선해 소개하니 기억했다가 꼭 먹어 보자.

강녕회관 江宁会馆 [장닝훼이관]
피차이위엔의 상당 부분을 차지한 유서 깊은 식당이다. 저녁 식사 시간(18:30~20:00)에 방문하면 전통 공연을 보면서 다양한 산동 요리를 맛볼 수 있다.

죽전죽도 粥全粥到 [쩌우취엔쩌우따오]

다양한 죽 전문점이다. 2002년 칭다오에서 시작해 현재 10곳이 넘는 체인점이 성업 중이다. 죽과 함께 먹기 좋은 요리를 다채롭게 판매하는데, 특히 탕수육이 아주 맛있다.

대전해·증기해선 大钱海·蒸汽海鲜 [따치엔하이·쩡치하이시엔]

현지인들이 추천하는 해물찜 전문점이다. 가성비 좋은 세트 메뉴를 2~6인까지 먹을 수 있게 다양하게 구성하고 있으며, 무엇보다 해물이 신선하다. 찜에 어울리는 야채를 몇 가지 추가하면 영양가 풍부한 한 끼를 맛있게 즐길 수 있다.

동해 88 东海 88 [똥하이 빠스빠]

산동 요리와 오리구이 전문 레스토랑이다. 석노인 해수욕장에 위치한 하얏트 호텔 1층에 있다. 고급스러운 분위기와 훌륭한 음식 맛으로 현지인들에게 사랑받고 있다. 가족이나 연인과 함께하는 여행에서 분위기를 내고 싶다면 이곳을 추천한다. 단, 오리구이는 조리 시간이 오래 걸려서 예약이 필수다.

칭다오에서 꼭 맛봐야 할 분식, 샤오츠 小吃

샤오츠小吃를 우리말로 풀이하면 김밥, 떡볶이와 같은 분식을 뜻한다. 한 끼 식사로 먹어도 좋을 만큼 양이 푸짐하고 저렴한 가격이 샤오츠의 매력이다. 칭다오에 왔다면 지역 특색이 물씬 나는 샤오츠를 먹어 보자.

파이구 미판 排骨米饭

산동 지역에서 유래된 돼지뼈탕. 우리나라 감자탕보다 맛이 담백하다. 각종 한약재를 넣고 삶은 돼지뼈를 맑은 국물과 함께 제공하는 경구 배골 미반京九排骨米饭[징지우 파이구 미판], 짜지 않은 간장 육수에 돼지뼈를 조리하는 만화춘万和春[완허춘] 식당이 유명하다. 가격은 15~21元이다.

여우위샤오카오 鱿鱼烧烤

오징어구이인데, 음식점에 따라 조리하는 방법이 약간씩 다르다. 왕저 소고王姐烧烤[왕지에샤오카오]에서는 튀김옷을 입히지 않은 상태에서 오징어를 기름에 튀겨 비법 소스를 발라 준다. 오징어를 숯불이나 철판에 구워서 매운 소스를 발라 주는 곳도 있다. 가격은 8~28元이다.

떠우푸나오 豆腐脑

뜨끈한 순두부 요리인데 아침 식사로 제격이다. 매일 아침 며칠을 먹어도 질리지 않는다. 그 맛의 비법은 육수에 있다. 식당마다 나름의 비법 육수에 순두부를 담아 준다. 가격은 5~15元이다.

꿔티에 锅贴

'칭다오 꿔티에青岛锅贴'라는 말이 있을 정도로 군만두는 칭다오를 대표하는 분식이다. 프라이팬에 반달 모양으로 빚은 만두를 아랫면만 노릇하게 구워 낸다. 그래서 꿔티에는 만두피에서 바삭함과 쫄깃함이 공존한다. 가격은 12~30元이다.

처우떠우푸 臭豆腐

발효시킨 두부. 냄새가 고약해서 처음에는 맛보기조차 꺼려진다. 그러나 잘 조리한 처우떠우푸는 겉면은 쫄깃하고, 안은 치즈처럼 부드러우며, 뒷맛이 고소하다. 가격은 10~12元이다.

양러우촨 羊肉串

양고기 꼬치구이. 방송인 정상훈 씨가 '양꼬치엔 칭다오'라는 말을 유행시키면서 양고기 꼬치가 칭다오 맥주의 동반자가 되었다. 실제로 칭다오 맥주와 먹는 양고기 꼬치는 왠지 더 맛있게 느껴진다. 가격은 1개에 6~10元이다.

🦪 수산 시장에서 싱싱한 해산물 구입하기 🦪

시장은 생생한 삶의 현장. 시끌벅적하고 어깨를 스칠 만큼 인파가 북적여도 시장 구경이 재미난 이유다. 칭다오는 커다란 농수산물 시장이 여럿 있는데, 다음 추천한 3곳이 현지인들이 즐겨 찾는 시장이다. 대체로 가격이 우리나라보다 저렴하다. 이곳에서 싱싱한 해산물을 직접 구입해도 재미있다. 구입한 해산물은 시장 주변에 비주옥啤酒屋[피지우우] 간판이 달린 식당으로 가져가면 요리해 준다.

잉커우루 농산물 시장
营口路农贸市场 [잉커우루 농마오 스창]
주변에 비주옥이 가장 밀집해 있는 시장이다. 현지인들은 맥주 거리啤酒街[피지우지에]보다 이곳에서 해산물과 맥주를 즐겨 먹는다고 한다.

구입해 온 해산물을 요리해 주는 식당, 비주옥 [피지우우]   TIP

啤酒屋 비주옥은 우리말로 번역하면 '맥주 집'이란 뜻이다. 손님이 시장에서 사 온 해산물을 손질하여 조리해 주고, 생맥주와 병맥주를 파는 식당이 바로 비주옥이다. 농수산물 시장 일대에 비주옥이 즐비하다. 현지인들은 여름이면 이곳에서 해산물과 맥주를 마시며 하루의 스트레스를 푼다고 한다. 비주옥에서는 손질이 힘든 생선 요리는 500g 기준 12~15元, 조개류 볶음과 찜 요리는 500g 기준 8~12元의 수고비를 받는다. 이렇게 손님이 사 온 해산물을 조리해 주는 것을 중국어로 하이시엔 쟈꽁海鲜加工이라고 한다. 현지 문화에 관심이 있다면 방문하여 체험해 보자.

TIP

인기 해산물의 이름과 가격

소라 海螺 [하이뤄]
크기가 클수록 가격이 비싸다.
500g에 15~25元이다.

전복 鲍鱼 [빠오위]
크기가 클수록 가격이 비싸다.
1개에 8~15元이다.

게 螃蟹 [팡시에]
살아 있고 클수록 가격이 비싸
다. 500g에 38~50元이다.

바지락 蛤蜊 [거리]
칭다오 사투리로는 '갈라'라고
한다. 가격은 500g에 8~12元
이다.

가리비 扇贝 [산뻬이]
500g에 10~15元이다.

쏙 虾虎 [샤후]

새우와 가재의 중간
맛으로, 살아 있고
클수록 가격이 비
싸다. 가격은 500g
에 30~40元이다.

새우 大虾 [따샤]
죽은 것으로, 우리나라에서 찜
용으로 먹는 크기. 가격은 500g
에 20~30元이다.

무이산 시장 武夷山市场 [우이산 스창]
황다오 번화가에 있는 농수산물 시장이다. 규모
가 크고 환경이 깨끗하며 장사하는 분들이 친절
해서 좋다.

골라 마시는 재미, 칭다오 맥주의 모든 것

중국 전역에는 칭다오 맥주를 생산하는 공장이 60여 곳 있는데, 각 지역마다 사용하는 물이 달라서 똑같은 칭다오 맥주라도 맛에서 미묘한 차이가 난다고 한다. 라오산 지하수를 원료로 사용하는 칭다오 본토의 칭다오 맥주가 확실히 맛있다. 칭다오 맥주의 종류는 10가지가 넘어서 하나하나 맛보는 재미가 쏠쏠하다. 그리고 공장에서 갓 생산해 판매하는 생맥주는 마트에 진열돼 있는 병맥주, 캔 맥주와는 또 다른 매력이 있다. 대표적인 칭다오 맥주를 소개하니, 맥주를 선택할 때 참고하자.

병·캔 맥주 잘 고르는 비결 TIP

현지인들은 병맥주와 캔 맥주를 살 때 '어느 공장에서 생산된 제품인가?'를 반드시 확인한다. 병은 뚜껑을, 캔은 밑바닥을 보면 어느 공장에서 생산된 맥주인지 알 수 있다. 첫 번째 줄에 맥주의 생산일이 적혀 있고, 두 번째 줄에서 첫 두 자리의 숫자가 생산된 공장을 의미한다. '01'로 시작하면 제1 공장에서, '02'로 시작하면 제2 공장에서 생산됐다는 뜻이다. 예를 들면 일반 칭다오 맥주는 2가지가 있는데, 현지인들은 제1 공장에서 생산한 것을 최고로 친다.

칭다오의 생맥주가 유난히 맛있는 이유

칭다오에서 마시는 생맥주는 특별하다. 시내의 공장에서 갓 생산한 생맥주를 시중에 공급하기 때문이다. 유통기한이 짧고 현지에서만 유통되기 때문에 칭다오에서 마시는 생맥주는 아주 신선하게 느껴진다. 생맥주는 중국어로 '짜피扎啤'라고 부르고, 식당은 대개 3~5가지 생맥주를 판매한다. 주로 위엔장과 춘성을 즐겨 마시는데, 생맥주는 판매하는 식당에 따라 가격 차이가 큰 편이다.

병·캔 맥주

칭다오 피지우 靑島啤酒

제1 공장에서 생산된 일반 칭다오 맥주. 병과 캔의 라벨에 영어로 프리미엄 라거 비어(PREMIUM LAGER BEER)라고 적혀 있다. 식당 메뉴판에는 칭다오 이창 피지우青岛啤酒-厂啤酒라고 적혀 있다. 이 브랜드는 쌉쌀하면서도 청량한 맛이 좋다.

칭다오 피지우 靑島啤酒

제4 공장에서 생산된 일반 칭다오 맥주. 식당 메뉴판에는 칭다오 얼창 피지우青岛二厂啤酒라고 적혀 있다. 제1 공장의 제품보다 맛이 연하고 단맛이 강하다.

헤이피 黑啤

흑맥주다. 다른 칭다오 맥주보다 알코올 도수가 2~3도 더 높다. 흑맥주임에도 쓴맛이 강하지 않아서 해산물 요리, 양꼬치와 먹어도 잘 어울린다.

라오산 피지우 嶗山啤酒

라오산 맥주로, 칭다오 맥주 회사에서 생산하는 자매품이다. 칭다오 맥주에 비해 가격이 저렴하다. 제3 공장과 제7 공장에서 제품을 생산하는데, 칭다오 사람들은 '07', 즉 제7 공장에서 생산된 것을 더 좋아한다. 보디감이 가볍고 청량해서 기름기 많은 중국요리와 잘 어울린다.

춘성 純生

생맥주의 맛을 살린 맥주. 1999년부터 프리미엄 맥주 시장을 겨냥해서 생산했다. 일반 칭다오 맥주보다 목 넘김이 부드럽고, 탄산이 적어서 상큼하다.

아오구터 奧古特

1903년 칭다오 맥주 공장을 세운 오거타(Augerta)의 이름을 따서 만든 고급 맥주다. 잔에 따르면 진한 금빛을 띠고, 달지 않으며 맛이 구수하다.

헤이피 자오웨이 黑啤枣味

대추 맛 흑맥주. 흑맥주에 대추를 첨가해서 단맛이 강하고, 대추의 향이 짙다.

쉬엔치 炫奇

복숭아 맛 맥주. 맥주 특유의 쌉쌀한 맛 대신에 복숭아 향과 단맛이 강하다.

위엔장 原浆

효모가 살아 있는 맥주의 원액으로, 유통 기한이 2~3일로 짧고, 잔에 따르면 둔탁하지만 진한 금빛을 띤다. 거품이 풍부하며, 진하고 알싸한 맛을 좋아하는 사람에게 추천한다. 1,250ml가 40~59元, 500ml가 15~28元이다.

춘셩 纯生

알코올 도수가 일반 맥주보다 0.5~1도 정도 낮고, 위엔장과 비교하면 잔에 따랐을 때 색이 엷고 투명하다. 부드럽고 상쾌한 맛을 좋아하는 사람에게 추천한다. 1,250ml가 38~55元, 500ml 15~25元이다.

뤼피 绿啤

푸른빛을 띠는 맥주로, 지구상에서 가장 오래된 조류라는 스피룰리나가 첨가된 맥주다. 몸에 쌓인 노폐물을 배출하는 기능이 있다고 하는데, 판매하지 않는 가게도 많다. 1,250ml가 45~70元, 500ml가 20~30元이다.

헤이피 黑啤

흑맥주로, 다른 이름으로 홍피紅啤라고도 부른다. 흑맥주 생맥주는 병맥주나 캔 맥주와 비교했을 때 맛에서 큰 차이가 나지 않는다. 1,250ml가 45~68元, 500ml가 15~28元이다.

싼피 散啤

봉지 맥주로, 여름에 생맥주를 비닐봉지에 담아서 판매한다. 요즘은 병맥주와 캔 맥주가 워낙 발달해서 현지인들은 예전만큼 봉지 맥주를 즐겨 마시지는 않는다. 그러나 칭다오에서만 볼 수 있는 독특한 문화이니 체험 삼아 마셔 보아도 좋다. 500ml가 10~15元이다.

칭다오의 쇼핑

쭝샨루 일대는 라오산에서 생산한 녹차와 홍차를 판매하는 상점이 많고, 칭다오 맥주를 테마로 디자인한 기념품은 칭다오 맥주 박물관에서 다양하게 판매한다. 타이동루 상업 보행가에 있는 미니소에서 판매하는 무선 마우스와 블루투스 스피커는 가격 대비 성능이 좋다. 까르푸와 이온(AEON) 몰은 타국에서 마트 쇼핑의 소소한 즐거움을 만끽하기에 매우 이상적인 곳이다.

🎁 선물 아이템

칭다오만의 특색이 묻어나는 상품을 원한다면 칭다오 맥주 박물관을 주목하자. 박물관의 기념품 숍에는 맥주잔, 병따개, 선물용 초콜릿 등을 칭다오 맥주 브랜드로 디자인해서 포장이 예쁘다. 친구나 회사 동료들에게 선물하기 좋은 아이템이 수두룩하다.

맥주잔
칭다오 맥주 로고가 그려진 다양한
맥주잔. 칭다오 맥주 박물관에서 판
매한다. 가격은 36~180元이다.

소주잔
귀여운 디자인의 작은 잔, 소주잔
이나 고량주 잔으로 활용한다. 칭
다오 맥주 박물관에서 판매한다.
가격은 36元이다.

땅콩 안주
맥주 안주로, 달콤한 맛과 짭조름한
맛 두 가지가 있다. 칭다오 맥주 박
물관과 면세점, 맥주 거리에서 판매
한다. 가격은 35~55元이다.

라오산 차 崂山茶
라오산 해안가에서 해풍을
맞고, 암반 지하수를 먹고
자란 라오산 차는 콩처럼 구
수한 맛이 난다. 가격은 75g
에 75~120元이다.

다구 茶具
차는 예쁜 찻잔에 따라 마시면 금상첨화. 적당한 가격의 다구는 지모루 소상품 시장即墨路小商品市场, 고급 다구는 해신 광장海信广场 지하 1층에 있는 팔마차업八 马茶业의 제품이 좋다.

랑야타이 琅琊台

칭다오에서 생산하는 바이주白酒. 진시황이 즐겨 마셨다는 술로 역사가 2,000년에 달한다. 도수가 높을수록 가격이 비싸고 곡류의 함유량이 높다. 71°, 58°, 39°, 29° 제품이 있고, 도수와 양에 따라 가격은 38~390元으로 천차만별이다.

지모라오지우 即墨老酒
칭다오에서 생산하는 황주黄酒. 기장쌀과 라오산의 광천수를 사용해 빚은 지모라오지우는 쌉쌀하면서 단맛이 강하지 않다. 겨울에는 따 뜻하게 데워서 마시기도 한다. 가격은 32~40元이다.

전자 제품

타이동루에 있는 미니소에서 블루투스 이어폰과 스피커, 휴대전화 배터리, 무선 마우스 등을 저렴한 가격에 살 수 있다.

일상생활에 필요한 온갖 제품이 총망라된 마트는 구경 삼아 방문하는 것만으로도 즐겁다. 먹을거리 코너에는 칭다오를 맛으로 체험할 수 있는 제품이 수두룩하다. 그중에는 한국에 사 가기 좋은 선물용 아이템이 있고, 현지에서 먹어 볼 만한 제품도 있다.

칭다오 맥주
맥주 코너에는 놀라울 정도로 다양한 칭다오 맥주가 진열되어 있다. 맥주를 좋아하는 여행자라면 맥주 고르는 재미에 푹 빠져 매일 밤 마트를 찾게 될지도 모른다.

전통 쿠키

타이완의 파인애플 케이크 펑리수鳳梨酥, 마카오의 아몬드 쿠키 싱런빙杏仁餅이 여행자들 사이에서 선물용으로 인기다. 펑리수는 파인애플을 잼처럼 조리해서 쫀득한 식감과 달콤한 맛이 좋다. 아몬드 쿠키는 식감이 바삭하고 고소한 맛이 난다. 가격은 15~27元이다.

중국요리 소스

소스 코너에는 셀 수 없이 다양한 중국요리 소스가 진열되어 있다. 그중 훠궈火鍋(중국식 샤부샤부)와 마라샹궈麻辣香鍋(쓰촨식 매운 볶음 요리 소스)에 반한 여행자들이 두 가지 소스를 많이 사 간다. 가격은 17~25元이다.

라오산 백화사초수 嶗山白花蛇草水

라오산의 광천수로 만든 아주 특별한 물이다. 백화사白花蛇[바이화서]라는 약초에서 추출한 성분을 물에 녹여서 항균, 소염, 항암 효과가 있다고 한다. 그러나 물맛이 정말 독특해서 누구나 좋아할 맛은 아니다.

유제품

유제품 코너에는 셀 수 없이 다양한 제품이 진열되어 있다. 한국에 없는 대추紅棗[홍자오] 맛 요거트에 반하는 여행자가 꽤 많다. 가격은 3~15元이다.

Qingdao

테마별
추천 코스

칭다오 왕초보를 위한 2박 3일

주말을 활용해서 칭다오의 명소를 돌아보는 여행을 떠나 보자.

DAY 1

🚶 도보 15분   🚶 도보 5분

잔교 栈桥
바다로 뻗은 제방에서 칭다오 전경 감상하기

페이청루 肥城路
이국적인 골목 산책하기

저장루 천주교당
浙江路 天主教堂
고풍스러운 고딕 양식의 성당을 배경으로 사진 촬영하기

🚕 택시 15분   🚶 도보 5분

영빈관 迎宾馆
옛 독일 총독의 저택 방문하기

피차이위엔 劈柴院
전통 골목 산책하기

왕저 소고 王姐烧烤
칭다오에서 가장 유명한 오징어 구이 맛보기

🚶 도보 10분   🚌 버스 50분 or 택시 20분 🚕

신호산 信号山
전망대에 올라 구시가지 감상하기

기독교당 基督教堂
첨탑이 아름다운 교회 감상하기

윈샤오루 미식 거리 云霄路美食街
맛집을 골라 저녁 식사하기

🚶 도보 10분 · 📷 · 🚶 해변 산책로로 20~30분

해변 산책로로 20~30분

팔대관 八大关
칭다오를 대표하는 산책 명소 걷기

제2 해수욕장 第二海水浴场
백사장에 앉아 바다 감상하기

태평각 공원 太平角公园
예쁜 벤치에 앉아 잠시 쉬어 가기

📷 해변 산책로 10분

제3 해수욕장 第三海水浴场
고층 빌딩 숲과 바다가 어우러진 풍경 감상하기

블랙 포레스트 BLACK FOREST
정통 독일 레스토랑에서 점심 식사

🚶 도보 15분 or 🚌 버스 10분

칭다오 맥주 박물관 青岛啤酒博物馆
칭다오 맥주에 대해 알고 시음하기

타이동루 보행가 台东路步行街
칭다오의 명동 산책하기

🚶 도보 15분 · 🚶 도보 20~30분

5·4 광장 5·4 广场
신시가지의 랜드마크에서 사진 촬영하기

올림픽 요트 센터 奥帆中心
호화 요트가 밀집한 바다 풍경 감상하기

연인 제방 情人坝
신시가지에서 가장 멋진 산책로 걷기

61

칭다오 왕초보를 위한 3박 4일

칭다오를 좀 더 꼼꼼하게 섭렵하는 핵심 여행을 떠나 보자.

DAY 1

🚶 도보 10분　　🚶 해변 산책로 20~30분

팔대관 八大关
계절마다 다른 풍경이 펼쳐지는
산책의 명소 걷기

제2 해수욕장 第二海水浴场
제방을 따라 걸으면서 바다 감상
하기

태평각 공원 太平角公园
아기자기한 공원에서 잠시 쉬어
가기

🚌 버스 20분　　🚶 해변 산책로 10분

🚶 도보 15분

5·4 광장 5·4 广场
5월의 바람 조형물을 배경으로
사진 촬영하기

제3 해수욕장 第三海水浴场
바다와 고층 빌딩 숲이 어우러진
풍경 감상하기

블랙 포레스트 BLACK FOREST
정통 독일 레스토랑에서 점심 식사

🚶 도보 20~30분

올림픽 요트 센터 奥帆中心
베이징 올림픽 요트 경기 개최지 둘러보기

연인 제방 情人坝
석양이 물든 하늘과 바다를 바라보며 산책하기

도보 5분 도보 10분

소어산 小鱼山
전망대에서 바다와 구시가지 감상하기

진커우루 金口路 골목
지중해풍 골목 산책하기

위샨루 鱼山路 골목
문화 명인들의 고택이 밀집한 골목 산책하기

버스 15분 도보 10분

잔교 栈桥
구시가지와 바다를 360도 방향에서 감상하기

라오서 고택 老舍故居
소설 《낙타 샹즈》의 탄생지 둘러보기

따쉬에루 大学路
커피 향이 가득한 카페 거리 산책하기

도보 5분 도보 5분

저장루 천주교당 浙江路 天主教堂
유서 깊은 성당을 배경으로 기념 사진 촬영하기

왕저 소고 王姐烧烤
칭다오의 명물인 오징어구이를 맛보기

피차이위엔 劈柴院
전통이 깃든 먹자골목 산책하기

DAY 3

🚶 도보 5분   🚶 도보 10분

신호산 信号山
전망대에서 구시가지 전경 감상하기

영빈관 迎宾馆
옛 독일 총독의 관저 둘러보기

기독교당 基督教堂
동화 속 작은 성을 닮은 교회에서 기념사진 촬영하기

🚶 도보 15분   🚶 도보 15분 or 버스 10분 🚌

잉커우루 농산물 시장
营口路农贸市场

해산물을 구입해 비주옥에서 요리해 먹기

타이동루 보행가
台东路步行街

칭다오 최대의 번화가 탐방하기

칭다오 맥주 박물관
青岛啤酒博物馆

맥주 원액 시음하기

DAY 4

부산 삼림 공원 浮山森林公园
일출이 아름다운 산마루에서 바다와 도심 풍경 감상하기

식도락 여행자를 위한 2박 3일

칭다오의 해산물 요리 등 다양한 음식을 맛보는 먹방 여행을 떠나 보자.

DAY 1

🚶 도보 15분 or 버스 10분 🚌

칭다오 맥주 박물관 青岛啤酒博物馆
제1 공장에서 생산된 위엔장 맛보기

타이동루 보행가 台东路步行街
독특한 대형 벽화를 감상하며 거리 산책하기

🚶 도보 15분

잉커우루 농산물 시장 营口路农贸市场
해산물을 구입해 비주옥에서 맥주 한잔하기

DAY 2

도보 15분

5·4광장 5·4 广场
5·4광장에서 신시가지 여행 시작하기

도보 15분

올림픽 요트 센터 奧帆中心
오전에 더 아름다운 바다 감상하기

정상 구궁격 화과 鼎尚九宫格火锅
매콤한 쓰촨 훠궈 맛보기

해변 산책로 도보 20~30분

태평각 공원 太平角公園
경치 예쁜 공원에서 쉬어 가기

제2 해수욕장 第二海水浴场
백사장에서 모래성 쌓기

도보 10분

팔대관 八大关
산책의 명소 유유자적 걷기

도보 3분

제3 해수욕장 第三海水浴场
바다와 빌딩 숲이 하나 된 풍경 감상하기

택시 20분

독애 커피 独崖咖啡
전망 좋은 카페에서 커피 한잔의 여유

민장루 선가어수교 闽江路 船歌鱼水饺
어만두의 신세계 맛보기

도보 15분   도보 5분

잔교 栈桥
잔교에서 구시가지 여행 시작하기

페이청루 肥城路
마카오를 닮은 골목 산책하기

저장루 천주교당
浙江路 天主教堂
고딕 양식의 성당 감상하기

도보 5분

도보 5분

피차이위엔 劈柴院
전통 골목에서 다양한 간식 맛보기

왕저 소고 王姐烧烤
소스가 맛있는 오징어구이 맛보기

도보 5분

영빈관 迎宾馆
독일의 정취가 짙은 총독의 옛 관저 둘러보기

신호산 信号山
전망대에 올라 바다와 구시가지 감상하기

아이를 동반한 가족을 위한 3박 4일

칭다오에서 아이들과 다양한 체험을 통해 추억을 남기는 여행을 떠나 보자.

DAY 1

 도보 15분

 도보 5분

잔교 栈桥

잔교에서 구시가지 여행 시작하기

페이청루 肥城路

아기자기한 골목 산책하기

저장루 천주교당
浙江路 天主教堂

옛 정취 물씬 나는 성당 배경으로
가족사진 촬영하기

도보 5분

택시 20분

피차이위엔 劈柴院

칭다오의 전통 골목 탐방하기

왕저 소고 王姐烧烤

쫄깃한 오징어구이 맛보기

도보 5분

영빈관 迎宾馆

옛 독일 총독의 저택 둘러보기

신호산 信号山

구시가지가 한눈에 들어오는 전망대
에서 시내감상하기

🚶 도보 10분

🚌 버스 1시간 or 택시 30분

팔대관 八大关
아름다운 풍경을 즐기며 산책하기

제2 해수욕장 第二海水浴场
백사장에서 해수욕 및 모래성 쌓기

🚶 해변 산책로 도보 15~20분

칭다오 해변 조소원
青岛海滨雕塑园
각양각색의 조각품을
감상하며 산책하기

극지해양세계 极地海洋世界
예쁜 물고기와 다양한 해양 동물 구경하기

🚶 해변 산책로 10분

석노인 해수욕장 石老人海水浴场
청정 바다에 발 담그고 해수욕하기

동해 88 东海88 레스토랑
산동 요리의 진수 맛보기

5·4광장 5·4 广场
바닷바람에 대형 연 날려 보기

올림픽 요트 센터 奥帆中心
코끼리 열차 타고 연인 제방까지
둘러보기

세븐센스 7senses
맛있는 스테이크와 디저트 먹기

🚕 택시 20분 or 버스 40분 🚌

소어촌 小渔村
탕수육과 바삭하고 달콤한 마 튀김 먹기

칭다오 맥주 박물관 青岛啤酒博物馆
맥주 생산 과정 견학하기

더 믹스 the mixc 万象城
5층 게임 테마 파크 조이 폴리스에서 즐기기

선가어수교 船歌鱼水饺
각종 어만두 맛보기

자연을 산책하며 힐링하는 3박 4일

해변과 산이 있는 칭다오로 일상의 스트레스를 날리러 떠나 보자.

AY 1

🚌 버스 30분   🚌 버스 10분

당도만 빈해 공원
唐岛湾滨海公园
바다 바라보며 자전거 하이킹하기

은사탄 银沙滩
맨발로 실버 비치 산책하기

고가도 顾家岛
석양이 아름다운 어촌 마을 산책
하기

AY 2

🚕 택시 40분   🚌 버스 40분

대주산 大珠山
다양한 기암 봉우리들 감상하며
트레킹하기

금사탄 金沙滩
해 질 녘이 아름다운 골드 비치 산
책하기

여씨 흘탑탕 吕氏疙瘩汤
칭다오식 수제비 한 그릇

DAY 3

🚌 버스 40분 or 택시 20분 🚕

부산 삼림 공원 浮山森林公园

칭다오 일출 명소에서 일출 감상하기

동해 88 东海 88 레스토랑

고급 레스토랑에서 우아하게 식사하기

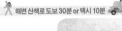

🚶 해변 산책로 도보 30분 or 택시 10분 🚕

칭다오 해변 조소원 青岛海滨雕塑园

유유자적 해변 산책로를 걸으며 기암괴석 감상하기

석노인 해수욕장 石老人海水浴场

백사장에 앉아서 석노인 바위 찾기

🚶 해변 산책로 도보 15~20분

안림 커피 aeleen coffee 安琳咖啡

커피와 샌드위치가 맛있는 카페에서
휴식하기

도보 15분

잔교 栈桥
칭다오 맥주 라벨의 주인공 회란각 구경하기

도보 5분

페이청루 肥城路
독일의 정취가 스며 있는 골목 산책하기

도보 5분

왕저 소고 王姐烧烤
칭다오의 대표 분식 오징어구이 맛보기

저장루 천주교당 浙江路 天主教堂
낭만적인 성당을 배경으로 사진 촬영하기

택시 20분

피차이위엔 劈柴院
중국 전통이 남아 있는 골목 산책하기

신호산 信号山
구시가지가 한눈에 들어오는 전망대에서 시내 구경하기

칭다오와 황다오까지 둘러보는 **4박 5일**

칭다오와 황다오까지 곳곳의 명소를 알차게 돌아보는 여행을 떠나 보자.

DAY 1

🚶 도보 10분 🚶 해변 산책로로 20~30분

팔대관 八大关

그림처럼 아름다운 산책로를 따라 걷기

제2 해수욕장 第二海水浴场

과거 고위층의 해수욕장이었던 곳에서 해수욕 즐기기

태평각 공원 太平角公园

벤치에 앉아 아기자기한 공원 감상하기

🚌 버스 20분 🚶 해변 산책로로 10분

5·4 광장 5·4 广场

5월의 바람 조형물 배경으로 사진 촬영하기

제3 해수욕장
第三海水浴场

빌딩 숲 앞으로 펼쳐져 있는 바다에서 즐기기

블랙 포레스트 BLACK FOREST

정통 독일 레스토랑에서 점심 식사

🚶 도보 15분

🚶 도보 20~30분

올림픽 요트 센터 奥帆中心

베이징 올림픽 요트 경기 개최지 둘러보기

연인 제방 情人坝

석양이 아름다운 산책로로 걷기

도보 5분   도보 10분

소어산 小鱼山
산에 올라 바다 전망 감상하기

진커우루 金口路 골목
과거의 유럽풍 주택이 즐비한 골목 산책하기

위샨루 鱼山路 골목
그림엽서에 단골로 등장하는 골목 산책하기

도보 5분

버스 15분   도보 10분

잔교 栈桥
구시가지의 랜드마크 구경하기

라오서 고택 老舍故居
소설《낙타 샹즈》를 쓴 작가의 집 둘러보기

따쉬에루 大学路
커피 마시며 카페 거리 산책하기

도보 5분   도보 5분

저장루 천주교당
浙江路 天主教堂
쌍둥이 첨탑을 배경으로 기념사진 촬영하기

왕저 소고 王姐烧烤
칭다오의 명물 간식 오징어구이 맛보기

피차이위엔 劈柴院
음식 냄새 가득한 먹자골목 산책하기

도보 5분

신호산 信号山
구시가지를 감상하는 최적의 전망대 오르기

영빈관 迎宾馆
옛 독일 총독의 관저 둘러보기

버스 30분 or 택시 15분

칭다오 맥주 박물관 青岛啤酒博物馆
제1 공장에서 생산된 맥주의 원액 시음하기

버스 10분 or 택시 15분

기독교당 基督教堂
첨탑이 아름다운 교회 배경으로 사진 촬영하기

도보 15분

타이동루 보행가 台东路步行街
칭다오 제1의 번화가 산책하기

잉커우루 농산물 시장 营口路农贸市场
해산물을 구입해 비주옥에서 맥주 한잔하기

AY4 🚌 버스 1시간 10분

칭다오역 青島站
황다오로 가는 버스 탑승하기

금사탄 金沙灘
거대한 골드 비치 산책하기

도보 15~20분

🚌 버스 1시간 or 택시 25분 🚕   🚌 버스 40시간 or 택시 10분 🚕

고가도 顧家島
해 질 녘이 아름다운 어촌 마을
산책하기

당도만 빈해 공원
唐島灣濱海公園

바다를 바라보며 자전거 하이킹
하기

힐튼 호텔 뷔페
希尔顿 全日制餐厅

해산물이 푸짐한 뷔페

AY5 **부산 삼림 공원** 浮山森林公園
산마루에서 일출 감상하기

칭다오 완전 핵심 일주 5박 6일

칭다오와 황다오를 여유롭고 세심하게 일주하는 여행을 떠나 보자.

DAY 1

🚶 도보 5분

신호산 信号山
전망대에서 구시가지 풍경 감상하기

영빈관 迎宾馆
호화로운 독일식 저택 둘러보기

🚌 버스 30분 or 택시 15분 🚕

도보 15분 or 버스 10분

칭다오 맥주 박물관 青岛啤酒博物馆
공장에서 갓 생산한 맥주 원액과 생맥주 시음하기

기독교당 基督教堂
동화 속 작은 성을 닮은 교회 둘러보며 기념사진 촬영하기

🚶 도보 15분

타이동루 보행가 台东路步行街
칭다오의 최대 번화가 산책하며 쇼핑하기

잉커우루 농산물 시장
营口路农贸市场
해산물을 구입해 비주옥에서 맥주 한잔하기

도보 10분   해변 산책로로 20~30분

해변 산책로 20~30분

팔대관 八大关
가로수가 아름다운 거리 산책하기

제2 해수욕장 第二海水浴场
제방에서 푸른 바다 감상하기

태평각 공원 太平角公园
예쁜 벤치에 앉아 쉬어 가기

버스 20분   해변 산책로 10분

5·4 광장 5·4 广场
신시가지의 랜드마크 앞에서 기념
사진 촬영하기

제3 해수욕장 第三海水浴场
풍경이 신비로운 해수욕장에서
해수욕 즐기기

블랙 포레스트 BLACK FOREST
정통 독일 레스토랑에서 점심 식사

도보 20~30분

올림픽 요트 센터 奥帆中心
베이징 올림픽 요트 경기 개최지 둘러보기

연인 제방 情人坝
해 질 녘 제방을 따라 산책하기

DAY 3

👣 도보 5분

소어산 小鱼山

산에 올라 바다 전망 감상하기

진커우루 金口路 골목

지중해풍 골목 산책하기

도보 5분 👣

따쉬에루 大学路

카페 거리에서 커피 한잔하기

위산루 鱼山路 홀수 번지수 골목

칭다오에서 가장 예쁜 골목 산책하기

🚌 버스 30분

라오서 고택 老舍故居

소설 《낙타 샹즈》의 탄생지 둘러보기

원샤오루 미식 거리 云霄路美食街

칭다오 맛집 거리에서 미식 탐방

or

라오산 崂山
바다와 산이 함께 펼쳐지는 명산 트레킹

대주산 大珠山
기기묘묘한 기암 봉우리들 감상하며 트레킹하기

버스 1시간

버스 40분

버스 40분

칭다오역 青岛站
황다오로 가는 버스 탑승하기

금사탄 金沙滩
금빛 찬란한 백사장 산책하기

여씨 흘탑탕 吕氏疙瘩汤
칭다오식 수제비 한 그릇

버스 1시간 or 택시 25분

고가도 顾家岛
해질 녘 아름다운 어촌 산책하기

당도만 빈해 공원 唐岛湾滨海公园
바닷바람 가르며 자전거 하이킹하기

도보 15분

잔교 栈桥

칭다오 맥주 라벨의 주인공 회란각 구경하기

저장루 천주교당 浙江路 天主教堂

웅장한 고딕 양식의 성당 배경으로 기념사진 촬영하기

도보 5분

피차이위엔 劈柴院

중국적인 전통 거리 체험하기

왕저 소고 王姐烧烤

칭다오의 명물 분식 오징어구이 맛보기

Qingdao

지역 여행

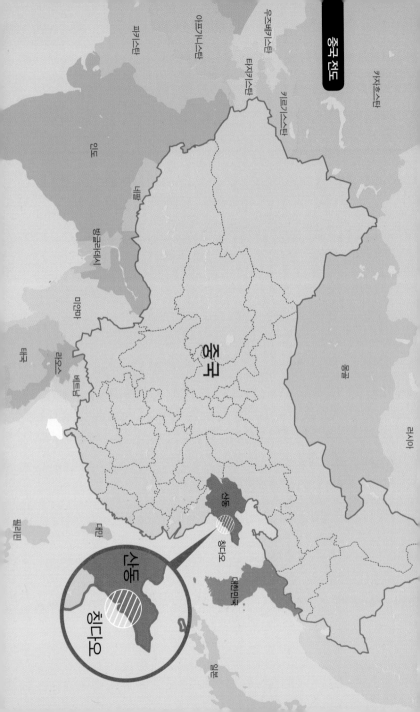

중국 전도

카자흐스탄

우즈베키스탄

키르기스스탄

이프가니스탄

타지키스탄

파키스탄

인도

네팔

방글라데시

미얀마

라오스

베트남

태국

필리핀

말레이시아

몽골

러시아

중국

산둥

칭다오

대만

대한민국

인본

산둥

칭다오

칭다오 전도

라오산 일대

칭양 일대

타이둥루 일대

석노인 해수욕장 일대

쫑산루 일대

팔대관 일대

5·4 광장 일대

황다오 일대

QINGDAO

독일의 체취가 가장 짙게 배인 곳

쭝샨루 中山路
일대

1897년 칭다오를 강제 점령한 독일은, 쭝샨루中山路 일대를 중심으로 도시 개발 계획을 추진했다. 그래서 이 일대는 그 시절 지은 독일식 건축물이 많아 언뜻 보면 유럽 같다. 정치의 중심지였던 교오 총독부, 독일 총독이 살았던 관저 영빈관, 총독이 주일마다 예배에 참석했던 장쑤루浙江路의 기독교당, 저장루江苏路의 천주교당이 이어지면서 고풍스러운 분위기를 자아낸다. 이 일대는 골목을 산책해도 재미있다. 달팽이 집처럼 굽이진 골목을 따라 독일식 주택이 나란히 줄지어 있고, 넝쿨 식물이 담장을 타고 자라 골목이 생기롭다. 바닥에는 네모반듯하게 다듬어 깐 마아석에 세월의 더께가 쌓여 반들반들 윤이 난다. 현지인들은 옛 정취가 가득한 이곳을 구시가지老城区[라오청취]라고 부른다. 남쪽은 잔교와 연결되고, 북쪽은 독일 풍물 거리라고 부르는 관타오루馆陶路와 연결된다.

쭝샨루

차오청 국제 유스호스텔
ChaoCheng International Youth Hostel
巢城青年旅舍

하버 37 국제 호스텔
Harbor 37 International Hostel
海湾37国际宾舍

보룡 양행 유적
宝隆洋行旧址

칭다오 거래소 유적
青岛取引所旧址

닝보루宁波路

닝보루 宁波路

국가 개방 대학
国家开放大学

교통 의원
交通医院

바이쓰투 더궈 찬바
ZUR BIERSTUBE
柏斯图德国餐吧

우쑹루 吴淞路

샹강이루 上港一路

스탠다드차타드 은행 유적
渣打银行旧址

건설은행
建设银行

독일 풍물 거리
德国风情街

스창이루 市场一路

지모루 소상품 시장
即墨路小商品市场

라오싼루 辽三路

정종 노창구 군만두점
正宗老沧口锅贴铺

칭다오 시립 의원
青岛市立医院

강녕회관
江宁会馆

천우천심
千遇千寻

옌안루 延安路

벽시원·순두부점
劈柴院·豆腐脑店

벽시원(피차이위엔)
劈柴院

춘화루
春和楼

지난루 济南路

올드 옵저버토리 유스호스텔
Old Observatory
奥博维特国际青年旅舍

관상산 공원
观象山公园
Guanxiangshan Park

복룡산 공원
伏龙山公园

국족 초두부
国足臭豆腐

왕저 소고
王姐烧烤

황다오루 黄岛路

명명기 독일식 차화포
茗茗纪德式茶饮铺

관상이루 观象一路

관상이루 观象一路

왕저 영복교자
王姐盈福饺子

천우천심
千遇千寻

칭다오 의학원 부속 의원
青岛医学院附属医院

완비랑
玩啤郎

페이청루 肥城路

페이청루 肥城路

저장루 천주교당
浙江路天主教堂

신호산
信号山

십오찬관
什么餐馆

포춘네이트 인카운터 유스호스텔
Fortunate Encounter International Youth Hostel
邂逅国际青年旅舍

전소만 우견 토로야
田小嫚遇见土老爹

기독교당
基督教堂

영빈관
迎宾馆

민국 해선교자루
民国海鲜饺子楼

자오저우루 胶州路

가목 미술관
嘉木美术馆

굿 굿스
GOODGOODS

교오 총독부 유적
胶澳总督府旧址

황시엔루 黄县路

칭다오 오전 박물관
青岛邮电博物馆

교주제국법원 유적
胶州帝国法院旧址

황시엔루
黄县路

황시엔루 黄县路

양우서방
良友书坊

탑루 1901
塔楼 1901

후난루 湖南路

칭다오짠역
青岛站

라오선 고택
老舍故居

쥐라프 커피
长颈鹿咖啡
Giraffe Coffee

오션와이드 엘리트 호텔
Oceanwide Elite Hotel
泛海名人酒店

천후궁
天后宫

칭다오 미술
青岛美术

제6 해수욕장
第六海水浴场

위산루
鱼山路

잔치아오 프린스 호텔
Zhan Qiao Prince Hotel
栈桥王子饭店

독일 감옥 유적 박물관
德国监狱旧址博物馆

런민훼이탕역
人民会堂

위산루
鱼山路

따쉬 에루
大学路

잔교 栈桥

쭝샨루 일대 BEST COURSE

대중적인 코스

칭다오가 독일의 조차지였던 20세기 초반의 흔적을 따라 여행하는 코스로, 칭다오 사람들이 좋아하는 분식을 골고루 맛보고 쇼핑의 즐거움까지 누릴 수 있다.

잔교 — 도보 3분 → 제6 해수욕장 — 도보 15분 → 페이청루 — 도보 5분 → 저장루 천주교당 — 도보 5분 → 왕저 소고

기독교당 ← 도보 10분 — 신호산 ← 도보 5분 — 영빈관 ← 택시 15분 — 피차이위엔 ← 도보 5분

구시가지의 랜드마크

잔교 栈桥 [짠치아오]

주소 青岛市 市南区 太平路 12号 **위치 ❶** 25, 26, 202, 223, 304, 312, 321번 버스타고 짠치아오(栈桥) 정류장 하차 후 바다 방면으로 도보 3분 **❷** 칭다오 기차역에서 도보 5분 **❸** 지하철 3호선 칭다오짠(青岛站)역 G 출구에서 도보 10분 **시간** 24시간 **요금** 무료(회란각 4元)

구시가지 여행의 출발점이며, 바다를 향해 화살표 ↑ 모양으로 뻗은 제방 끝에 있는 정자가 제일 먼저 눈에 들어온다. 그 주인공은 칭다오 맥주 青岛啤酒 [칭다오피지우] 라벨에 있는 회란각 回澜阁 [후이란거] 이다. 평소 칭다오 맥주를 좋아했다면 친숙할 것이다. 잔교는 1892년 청나라가 군함 정박과 화물 운송용 부두로 처음 지었다. 폭 10m, 총 길이 200m의 부두를 짓는 데 필요한 강철은 다롄 大连 근교에 있는 뤼순 旅顺 조선소에서 조달해 왔다. 칭다오를 점령한 독일은 1901년에 길이를 350m로 연장하고 독일군 전용 부두로 사용했다. 그러나 3년 뒤 신장루 新疆路 에 제1 부두를 건설하면서 잔교는 부두로서의 기능을 상실했다. 이후 태풍으로 심하게 파손되었는데, 1931년 중화민국 정부가 해군 전함을 정박시킬 목적

으로 재건하면서, 지금의 길이가 440m로 부두를 연장하고 회란각도 지었다. 1980년대 두 차례 전면 보수를 하면서 화강암을 보강해 한층 더 견고해졌다.

TIP 잔교를 재미있게 여행하는 방법

제방 끝에 있는 회란각까지 걸어 보자. 회란각 옆에서 바라보는 경치가 아름답다. 바다에는 작은 섬 소청도 小青岛 [샤오칭다오] 가 떠 있고, 그 옆으로 퇴역한 군함들이 정박해 있는 칭다오 해군 박물관이 한눈에 들어온다. 육지를 바라보면 칭다오를 상징하는 '푸른 나무와 붉은 지붕'이 병풍처럼 펼쳐진다. 잔교는 계절마다 분위기가 다르고, 조수간만의 차도 있어서 여러 번 방문해도 재미있다. 썰물이면 바닷물이 100m쯤 빠져 잔교 일대가 육지처럼 변한다. 이때를 틈타 사람들이 잔교 밑에서 조개를 캐기도 한다. 밀물이면 잔교 하단은 바다에 잠기는데, 이때 잔교를 걸으면 마치 바다 위를 걷는 듯하다. 잔교는 겨울에도 아름답다. 새하얀 갈매기 떼가 잔교 주위를 선회하며 한층 더 낭만적으로 다가온다.

바다를 기준으로 한 '칭다오의 방위 개념'

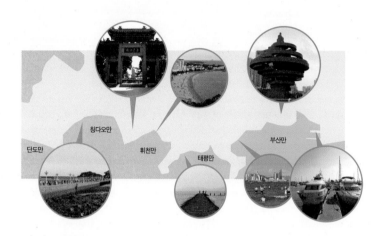

칭다오는 삼면이 바다로 둘러싸인 도시다. 그래서일까? 칭다오 사람들은 동서남북을 기준으로 방향을 이야기하지 않고 '바다를 기준'으로 한 방위 개념을 일상에서 더 많이 사용한다. 위동 페리가 도착하는 국제 항구가 있는 해안을 후해后海[허후하이], 구시가지에서 신시가지까지의 해안을 전해前海[치엔하이], 라오산崂山 일대의 해안을 동해东海[동하이]라고 부른다. 현지인들은 이 3개 해안을 기준으로 방향을 이야기한다. 그중 여행자들이 가장 즐겨 찾는 해안은 바로 '전해'다. 3개 해안 중에서 전해의 풍경이 가장 아름답다. 전해는 다시 단도만 团岛湾[투완다오완],

칭다오만青岛湾[칭다오완], 휘천만汇泉湾[웨이취엔완], 태평만太平湾[타이핑완], 부산만浮山湾[푸산완]으로 나뉜다. 칭다오시는 5개 만의 해안을 따라 빈해 보행도滨海步行道[삔하이 뿌싱따오]라고 부르는 36.9km의 산책로를 조성해 놓았다. 이 산책로를 걷는 것이 칭다오 여행의 크나큰 즐거움이다. 각 만은 물굽이와 바다의 깊이가 다르고, 기암괴석의 생김새와 색깔이 달라서 감상하는 재미가 있다. 칭다오의 대표적인 관광지들도 전해의 5개 만湾을 따라서 이어진다. 단도만에는 칭다오와 황다오를 잇는 해저 터널이 있고, 칭다오만에는 잔교와 제6 해수욕장, 휘천만에는 루쉰 공원과 제1 해수욕장, 태평만에는 제2 해수욕장과 태평각 공원, 부산만에는 제3 해수욕장과 5·4 광장 그리고 올림픽 요트 센터와 석노인 해수욕장 등이 있다.

칭다오에서 가장 작은 해수욕장

제6 해수욕장 第六海水浴场 [띠리우 하이쉐이위창]

주소 青岛市 市南区 栈桥旁边 위치 ❶ 25, 26, 202, 217, 220, 223, 301, 303, 304, 305, 311, 312, 316, 320, 隧道 1, 隧道 2, 隧道 3, 隧道 5, 隧道 6, 隧道 7번 버스 타고 칭다오훠처짠(青岛火车站) 정류장 하차 후 잔교에서 바다를 바라보고 오른쪽으로 이동 ❷ 지하철 3호선 칭다오짠(青岛站)역 G 출구에서 도보 10분 시간 24시간

잔교 바로 옆에 있어서 '잔교 해수욕장 栈桥海水浴场[짠치아오 하이쉐이위창]'이라고도 부른다. 칭다오 시내에 있는 5개 해수욕장 중에서 규모가 가장 작다. 현지인들은 이곳의 모래가 거칠어서 수영을 꺼린다고 한다. 그러나 여행자는 잔교와 붙어 있는 이곳이 칭다오에서 가장 먼저 만난 해수욕장일 가능성이 높다. 부디, 이곳의 거친 모래를 보고 칭다오의 해수욕장에 지레 실망하지 않길 바란다. 다른 4개의 해수욕장은 모래가 곱고 해수욕하기 좋은 바다가 펼쳐진다. 반면 겨울이면 이곳은 낭만적인 해변으로 변신한다. 새하얀 갈매기 떼가 날아와 이곳에서 겨울을 보낸다. 먹이를 던져 주는 관광객들과 어지러이 하늘을 수놓는 갈매기들 그리고 바다를 향해 곧게 뻗은 잔교가 한데 어우러져 풍경이 아름답다.

모자가 예쁜 가게

굿 굿스 GOODGOODS

주소 青岛市 市南区 中山路 23号 위치 ❶ 8, 301, 305, 308, 320, 325번 버스 타고 짠치아오(栈桥) 정류장 하차 ❷ 26, 202, 217번 버스 타고 짠치아오(栈桥) 정류장 하차 후 도보 3분 ❸ 잔교에서 쭝샨루 따라 도보 5분 ❹ 지하철 3호선 칭다오짠(青岛站)역 G 출구에서 도보 8분 시간 9:00~22:00 가격 20元~

잔교에서 쭝샨루를 따라 저 장루의 천주교당으로 가는 길에 있는 자그마한 상점이다. 칭다오의 아름다운 명소를 담은 사진엽서, 수채화로 명소를 그린 노트, 칭다오에서 먹어 봐야 할 음식과 방문할 만한 상점이 빼곡하게 소개된 수첩 등을 판매한다. 무더운 여름에 모자를 준비하지 않았다면 이곳에서 구입해도 좋다. 모자 가격은 50元 정도인데, 품질이 좋은 편이다.

라오산 차 판매점

전소만 우견 토로야 田小嫚遇见土老爷 [티엔샤오만 위지엔 투라오예]

주소 青岛市 市南区 中山路 41号 **위치 ①** 8, 301, 305, 308, 325번 버스 타고 짠치아오(栈桥) 정류장 하차 후 도보 2분 **②** 26, 202, 217번 버스 타고 짠치아오(栈桥) 정류장 하차 후 도보 5분 **③** 잔교에서 쭝샨루 따라 도보 7분 **④** 지하철 3호선 칭다오짠(青岛站)역 G 출구에서 도보 10분 **시간** 9:00~22:00 **가격** 30元~ **전화** 136-4542-8225

피스타치오 아이스크림색으로 외관 전체를 칠해서 멀리서도 눈에 띄는 매장이다. 칭다오에서 나고 자란 사람이라면 해변에서 조개를 캐고, 할아버지의 차밭에서 찻잎을 땄던 유년의 추억이 있다. 그 영감으로 브랜드를 론칭했다고 한다. 다양한 해산물을 건조시켜 예쁘게 포장해서 판매한다. 그러나 건어물은 우리나라로 들여올 수 없다. 라오산 일대에서 생산된 녹차绿茶와 홍차红茶가 선물용으로 적당하다. 가격은 용량에 따라 30~85元 정도 한다. 라오산의 녹차는 잎이 가늘고 긴 특징이 있으며, 콩처럼 맛이 구수하다.

어만두와 산동 요리 전문점

민국 해선교자루 民国海鲜饺子楼 [민궈 하이시엔지아오즈러우]

주소 青岛市 市南区 中山路 31号 悦盛宾馆 1楼 **위치 ①** 25, 26, 202, 223, 321번 버스 타고 짠치아오(栈桥) 정류장 하차 후 도보 5분 **②** 잔교에서 도보 5분 **③** 저장루 천주교당에서 도보 6분 **④** 지하철 3호선 칭다오짠(青岛站)역 G 출구에서 도보 10분 **시간** 10:00~22:00 **가격** 80元~(2인 기준) **전화** 0532-5896-7341

어만두가 맛있는 식당이다. 한쪽에 오픈 키친을 두어 만두 빚는 과정을 볼 수 있다. 총 10가지의 어만두를 판매하며, 만두소로 들어간 해산물에 따라 만두의 맛과 이름이 달라진다. 삼치를 넣은 빠위지아오즈鲅鱼饺子, 새우를 넣은 샤런지아오즈虾仁饺子, 오징어가 들어간 모위지아오즈墨鱼饺子가 가장 인기다. 어만두를 다양하게 맛보려면 취엔쟈푸全家福를 주문하자. 취엔쟈푸 1인분은 5가지 만두를 각각 4개씩, 총 20개의 만두를 제공해서 2명이 맛을 음미하며 나눠 먹기에 적당하다. 만두는 주문과 동시에 주방에서 빚은 뒤 익혀 나오기 때문에 최소 20분 정도 걸린다. 그밖에 산동 요리도 맛있다. 메뉴판에 요리 사진이 있어서 주문하기 쉽다. 매운 요리는 메뉴판에 고추의 개수로 매운 정도를 표시해 놓았다. 만두에 곁들여 먹기에는 매콤하고 새콤한 맛의 냉채 쏸라주에껀펀酸辣蕨根粉, 땅콩 소스와 식초로 버무린 냉채 민궈따라피民国大拉皮가 어울린다.

추천 메뉴

하이시엔지아오즈취엔쟈푸 海鲜饺子全家福	삼치, 오징어, 새우 등을 만두소로 넣은 5가지 만두
빠위지아오즈 鲅鱼饺子	삼치 만두
모위지아오즈 墨鱼饺子	오징어 먹물로 만두피를 만들고, 갑오징어를 다져 넣은 만두
쏸라주에껀펀 酸辣蕨根粉	고사리에서 추출한 전분으로 면을 만들어 매콤 새콤하게 무친 냉채
민궈따라피 民国大拉皮	오이, 당근, 지단, 목이버섯 등을 쫄깃한 면과 함께 땅콩 소스로 버무린 냉채
란메이산야오 蓝莓山药	삶은 마를 잘라 새콤달콤한 블루베리 소스를 곁들인 요리
따샤샤오바이차이 大虾烧白菜	대하와 배추를 센 불에 볶은 요리

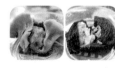

캐주얼한 분위기와 특색 있는 요리로 사랑받는 식당

십요찬관 什么餐馆 [션머찬관]

주소 青岛市 市南区 曲阜路 14号 **위치** ❶ 25, 26, 202, 223, 321번 버스 타고 짠치아오(栈桥) 하차 후 도보 5분 ❷ 잔교에서 도보 8분 ❸ 저장루 천주교당에서 도보 3분 ❹ 지하철 3호선 칭다오짠(青岛站)역 G 출구에서 도보 10분 **시간** 10:00~21:00 **가격** 80元~(2인 기준) **전화** 0532-8287-8112

여행 성수기에는 식사 시간 때마다 식당 앞으로 긴 줄이 늘어선다. 독자적으로 개발한 메뉴가 많고, 맛은 물론 합리적인 가격과 정감 어린 분위기로 20~30대에게 인기다. 메뉴판에는 10여 가지 메인 요리만 사진이 첨부돼 있고, 나머지는 사진 없이 음식 이름만 빼곡히 적혀 있다. 메인 요리 중 최고 인기는 닭 날개를 달콤 짭조름하게 조리한 차오카오지츠炒烤鸡翅, 대하를 매콤하게 볶은 샹라샤香辣虾다. 둘 중에 무엇을 주문해도 만족스럽고, 술안주로도 손색없다. 밥 종류는 션머 빠오자이판什么煲仔饭이 특별하다. 불린 쌀에 양념한 돼지고기와 양파, 당근 그리고 쯔란孜然이란 향신료를 골고루 섞어 돌솥밥을 지어 내온다. 갓 지은 돌솥밥의 쫄깃한 식감과 짭조름한 양념이 어우러져 다른 반찬이 필요 없다. 하지만 쯔란 향이 강해서 이것을 싫어한다면 주문하지 않는 게 좋다. 참고로 쯔란은 양고기 꼬치구이에 많이 사용하는 향신료다. 요금은 선불이다.

추천 메뉴

차오카오지츠 炒烤鸡翅	닭 날개를 달콤 짭조름한 양념을 발라 겉은 바삭하게, 속은 부드럽게 구운 요리
샹라샤 香辣虾	말린 쓰촨 고추를 넣어 매콤하게 볶은 대하 요리
깐삐엔윈떠우 干煸芸豆	강낭콩 꼬투리 볶음
홍샤오치에즈 红烧茄子	간장 양념에 볶은 가지 요리
션머 빠오자이판 什么煲仔饭	양념한 돼지고기, 양파, 당근 등을 넣고 쯔란을 뿌려 지은 돌솥밥
자장미엔 炸酱面	짭조름한 중국식 짜장면
하이시엔차오미엔 海鲜炒面	각종 해산물을 넣고 볶은 면

파스텔 톤의 이국적인 골목 페이청루 肥城路

페이청루는 총 길이가 100m 정도로 짧은 골목이지만 낭만이 가득하다. 여행자들은 대개 저장루 천주교당에 가기 위해 페이청루를 지난다. 경사진 골목을 따라 아이보리색 유럽풍 건물이 이어지고, 골목 끝 언덕배기에 성당이 우뚝 서 있다. 골목의 초입에는 유스호스텔 해후 邂逅[시에허우]가 있고, 유럽풍 건물에는 카페와 기념품 숍이 줄줄이 입점해 있다. 이곳의 기념품 숍들은 선물을 사기에 적당하고, 여행자들이 재미난 사진을 찍을 수 있도록 여러 가지 소품을 매장 앞에 준비해 두었다. 페이청루는 바닥에도 이국적인 정취가 스며 있다. 과거 칭다오를 점령한 독일은 골목에 마아석 玛牙石[마야스]이란 돌을 네모나게 다듬어 보도블록처럼 깔았다. 이런 길을 마야석로 玛牙石路[마야스루]라고 부른다. 세월이 흐르면서 반들반들해진 마야석이 골목에 고풍스러운 운치를 더한다. 단, 비 오는 날은 바닥이 미끄러울 수 있으니 조심히 걷자.

술지게미로 만든 미니 케이크 전문점

완비랑 玩啤郎 [완피랑]

주소 青岛市 市南区 中山路 77号 **위치** ❶ 8, 301, 305, 308, 320, 325번 버스 타고 짠치아오(栈桥) 정류장 하차 후 도보 5분 ❷ 26, 202, 217번 버스 타고 짠치아오(栈桥) 정류장 하차 후 도보 7분 ❸ 잔교에서 쭝샨루 따라 도보 9분 ❹ 지하철 3호선 칭다오짠(青岛站)역 G 출구에서 도보 10분 **시간** 9:00~22:00 **가격** 5元~

쭝샨루와 페이청루가 만나는 지점에 위치해 있다. 오래전 칭다오 사람들이 즐겨 먹었던 간식에 착안해 만든 미니 케이크를 판매한다. 먹을 것이 부족했던 시절에 칭다오 맥주 공장에서 근무하던 한 여성이 가족을 위해 공장에서 버려진 술지게미를 집으로 가져와 빵으로 만들어 먹었다고 한다. 이것에서 착안해 완비랑이 탄생했다. 완비랑의 미니 케이크는 타이완의 펑리수처럼 식감이 쫀득하다. 다른 점은 파인애플 과육 대신 분말 녹차 抹茶[모차], 카레 咖喱[까리] 등을 넣어서 달지 않다. 한 개에 5元이며, 10개를 상자에 담아 선물용으로 35~50元에 판매한다.

달콤한 꽃차 전문점

명명기 독일식 차 화포 茗茗纪德式茶货铺 [밍밍지 더스 차훠푸]

주소 青岛市 市南区 肥城路 11号 **위치 ❶** 8, 301, 305, 308, 320, 325번 버스 타고 짠치아오(栈桥) 정류장 하차 후 도보 6분 **❷** 26, 202, 217번 버스 타고 짠치아오(栈桥) 정류장 하차 후 도보 8분 **❸** 잔교에서 쭝산루 따라 도보 10분 **❹** 지하철 3호선 칭다오짠(青岛站)역 G 출구에서 도보 11분 **시간** 8:00~22:00 **가격** 50元~

독일에서 수입해 온 꽃차와 칭다오 특산품인 라오산 녹차와 홍차 등을 판매한다. 직접 맛을 보고 차를 고를 수 있는데, 꽃차는 '얼음 설탕'이라고 부르는 빙당冰糖[삥탕]이 들어간 것이 조금 더 맛있다. 예쁜 중국식 찻잔 세트도 판매한다. 매장 한쪽에는 칭다오 관광지들을 새긴 스탬프가 마련되어 있으니 자유롭게 스탬프를 찍고, 매장은 구경만 해도 된다. 이곳은 천우천심 상점과 실내가 연결되어 있으니 함께 둘러보자.

예쁜 생활 소품 전문점

천우천심 千遇千寻 [치엔위치엔쉰]

주소 青岛市 市南区 肥城路 11号 **위치** 명명기 독일식 차 화포와 연결 **시간** 8:00~22:00 **가격** 10元~ **전화** 0532-8286-1696

입구에 대형 독일 병정 인형과 미니 우체통이 있어 사진 찍기에 좋다. 입구 옆에 〈러브 액츄얼리〉 영화 속 스케치북 고백 장면을 착안한 패널도 준비해 놓았다. 여행자들은 '워 아이 니我爱你(당신을 사랑합니다)', '워 카이신我开心(나는 즐겁습니다)', '워 쉬엔 니我宣你(나는 당신을 좋아합니다)' 등의 패널을 들고 즐거운 표정으로 사진을 찍는다. 안으로 들어가면 미니 독일 병정, 미니 범선, 램프, 부엉이 인형 등 다채로운 장식용 소품과 생활용품을 판매한다. 칭다오의 유명 관광지를 그린 노트, 사진엽서, 지도, 칭다오 맥주병 모양의 병따개 등도 있다. 피차이위엔 옆에도 체인 매장이 있다. 피차이위엔점에서는 각종 기념품은 물론 라오산 녹차와 홍차를 전문적으로 판매한다. 가격은 차의 양에 따라 28~98元 정도 한다.

피차이위엔점 劈柴院店

주소 青岛市 市南区 中山路 176号 **시간** 8:30~22:00 **가격** 10元~ **위치** ❶ 218, 301, 305, 320번 버스 타고 쭝산루(中山路) 정류장 하차 후 도보 3분 ❷ 피차이위엔에서 도보 1분

언덕배기 위에 위풍당당한 성당

저장루 천주교당 浙江路 天主教堂 [저장루 티엔주지아오탕]

주소 青島市 市南区 浙江路 15号 위치 ❶ 시내에서 228번 버스 타고 커우창이위엔(口腔医院) 정류장 하차 후 도보 10분 ❷ 잔교에서 저장루(浙江路) 따라 도보 15분 ❸ 지하철 3호선 칭다오짠(青岛站)역 G 출구에서 도보 13분 시간 8:30~17:00(월~토요일), 10:00~17:00(일요일), 6:00(평일 미사), 6:00/8:00/18:00(주일 미사) 요금 10元

저장루 언덕배기에 1932년 독일인의 설계로 짓기 시작해 1934년에 완공되었다. 당시 칭다오에서 가장 큰 고딕 양식 건축물이자 1970년대까지 구시가지에서 가장 높은 건물로 꼽혔다. 바다에서 배를 타고 칭다오에 도착할 즈음, 육지에서 제일 먼저 보이는 것이 성당의 붉은 첨탑이었다고 한다. 지금도 뾰족하게 치솟은 두 개의 첨탑은 멀리서도 눈에 띈다. 높이 60m의 첨탑 안에는 4개의 종이 달려 있는데, 과거 이 일대에서 일하던 사람들은 성당의 종소리를 듣고 시간을 알았다고 한다. 성당은 1949년 중화 인민 공화국이 성립되기 전까지 교회로서의 역할은 물론, 학교와 병원을 개설하여 사회사업에도 앞장섰다. 그러나 문화대혁명 때 심하게 파괴되었고, 지금의 성당은 독일이 재건 비용을 부담하여 복구한 모습이다. 1982년 부활절에 맞춰 새롭게 문을 연 이곳은, 외관이 웅장하고 아름다워서 언제 방문하든 성당을 배경으로 사진 찍는 사람들이 북적인다.

> **TIP** 입장료를 내면 성당 내부를 볼 수 있다. 실내는 알록달록 스테인드글라스 창을 통해 햇살이 스며들어 분위기가 화사하다. 주말에는 정규 미사를 거행하니 천주교 신자라면 참여해도 좋다.

칭다오를 대표하는 오징어구이 전문점

왕저 소고   王姐烧烤 [왕지에 샤오카오]   🍴

주소 青岛市 市南区 中山路 113号 **위치** ❶ 221, 228번 버스 타고 쭝궈쥐창(中国剧院) 정류장 하차 후 도보 2분 ❷ 25, 26, 202, 223, 321번 버스 타고 짠치아오(栈桥) 정류장 하차 후 도보 8분 ❸ 잔교에서 도보 12분 ❹ 저장루 천주교당에서 도보 5분 **시간** 11:00~21:30 **가격** 10元~(1인기준)

왕저 소고는 1986년 지모루 소상품 시장 초입에서 처음 문을 열고 시작했다. 지금은 체인이 급격하게 늘어 거리에서 왕지에 샤오카오 간판을 흔히 볼 수 있다. 대부분 장사가 썩 잘되는 편이 아닌데, 쭝샨루에 있는 이 지점만은 예외다. 온종일 오징어구이를 맛보려는 행렬이 이어진다. 우리에게는 EBS 세계견문록 〈아틀라스〉 칭다오 편을 통해서 유명해졌다. 출연자였던 백종원 씨가 '칭다오에서 가장 맛있는 오징어구이 집'으로 이곳을 소개했다. 오징어의 각종 부위를 기름에 튀긴 뒤 비법 소스를 발라 주는데, 짭조름하면서도 매콤한 소스 맛이 특별하다. 오징어 한 마리를 통째로 주문하면 그날 들어온 오징어의 크기에 따라 8~12元을 받는다.

추천 메뉴	
여우위촨 鱿鱼串	오징어 한 마리를 통째로 조리
여우위좌 鱿鱼爪	오징어 다리
여우위야 鱿鱼牙	오징어 이(눈알처럼 생긴 부위)
여우위츠 鱿鱼翅	오징어 날개(귀)
양러우촨 羊肉串	양고기 꼬치

> **TIP 오징어구이를 더 맛있게 먹는 방법**
>
>
>
> 대부분의 여행자가 잔교에서 피차이위엔으로 가는 길에 들러 맛을 본다. 대개 노천에 서서 오징어구이를 먹는데, 매장의 왼편 식당에서 파는 봉지 맥주를 사서 같이 먹으면 더 맛있다. 식당 입구에 커다란 생맥주 통이 있고, 통에 '칭다오 쑤랴오따이(青岛塑料袋)'라고 적힌 글씨가 봉지 맥주를 뜻한다. 요즘은 맥주의 양에 따라 10~20元을 받는다. 만약 오징어구이를 실내에 앉아서 맥주와 먹고 싶다면 왕저 소고 매장을 바라보고 오른편으로 2~3m쯤 떨어진 자매 식당을 이용하면 된다. 먼저 원하는 만큼의 오징어구이를 사고, 왕저 영복교자 王姐盈福饺子[왕지에 잉푸지아오즈]라고 쓴 간판이 걸린 식당으로 들어가면 된다. 이곳에서 칭다오 맥주를 한 병에 10元씩 판매한다.

110년 전통의 상업 거리, 지금은 소문난 먹자골목

벽시원 劈柴院 [피차이위엔]

주소 青岛市 市南区 河北路 16号 **위치 ①** 시내에서 231번 버스 타고 쭝산루(中山路) 정류장 하차 후 도보 10분 **②** 저장루 천주교당에서 도보 10분 **③** 잔교에서 쭝산루 따라 도보 18분 **시간** 10:30~22:00 **요금** 무료

피차이위엔의 긴 역사는 아치형 대문 위에
적힌 '1902' 숫자가 설명해 준다. 1902년
에 조성한 상업 거리로, 칭다오가 독일의 조
차지였던 시절에 중국 서민들이 즐겨 찾았
다. 이곳에서 창극과 요지경을 관람하며 유
흥을 즐겼다고 한다. 아치형 대문을 지나 안
으로 들어가면 사람 '인(人)' 모양의 골목
을 따라 2~3층 건축물이 이어진다. 이렇게
2~3층의 연립 주택식 건물이 사방을 에워싼
골목을 '리위엔里院'이라고 부른다. 베이징
의 후통胡同, 상하이의 롱탕弄堂처럼 리위엔
은 칭다오의 전통적인 골목이다. 지금은 먹
자골목으로 변신하여 여행객이 즐겨 찾는다.
각종 해산물, 파인애플 밥, 각종 꼬치구이 등
음식 냄새가 진동한다. 현지인들에게 오랫동
안 사랑받아 온 분식들을 직접 맛보는 재미
가 있다. 이곳에서 가장 유명한 식당은 강녕
회관江宁会馆[장닝훼이관]이다. 100년 이상 전
통을 이어온 가게에 수여하는 노자호老字号
[라오쯔하오] 명패가 걸려 있다.

피차이위엔의 3대 인기 분식, 샤오츠小吃

벽시원·순두부점 劈柴院·豆腐脑店 [피차이위엔·떠우푸나오띠엔]
주소 江宁路 28号

순두부豆腐脑가 걸쭉한 국물에 담겨 나온다. 국물이 수프처럼 걸쭉해서 느끼할 것 같은데 맛이 깔끔하다. 가격은 5元. 시엔빙焰饼도 맛있다. 노릇하게 구운 시엔빙은 생김새가 호떡을 닮았다. 안에 무를 가늘게 채 썰어 넣어서 맛이 담백하고 식감은 쫄깃하다. 가격은 1元이다.

국족 초두부 国足臭豆腐 [궈주 처우떠우푸]
주소 江宁路 62号甲

두부를 발효시켜 만든 처우떠우푸臭豆腐는 냄새가 고약하지만 기름에 잘 튀기면 겉은 쫄깃하고 안은 치즈처럼 부드럽고 고소하다. 이 집의 비법 소스를 처우떠우푸에 끼얹고, 새콤하게 절인 양배추를 곁들여 먹으면 냄새가 잘 느껴지지 않는다. 가격은 10元이다.

정종 노창구 군만두점 正宗老沧口锅贴铺 [쩡쭝 라오창커우 꿔티에푸]
주소 江宁路 2号

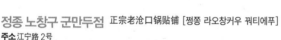

'꿔티에锅贴'는 군만두라는 뜻이다. 중국 각지에서 군만두를 즐겨 먹지만 '칭다오 꿔티에青岛锅贴'라는 말이 있을 정도로, 꿔티에는 칭다오를 대표하는 분식 중 하나다. 이곳에서 파는 새우 군만두虾仁锅贴[샤런 꿔티에], 3가지 재료를 넣은 삼선 군만두三鲜锅贴[싼시엔 꿔티에], 조개 군만두蛤蜊锅贴[거리 꿔티에]가 유명하다. 가격은 재료에 따라 1인분에 12~30元. 1인분은 10개의 군만두가 나온다.

칭다오에서 가장 유서 깊은 식당

춘화루 春和楼 [춘허러우] 🍽️

주소 青岛市 市南区 中山路 146号 위치 ① 218, 301, 305, 320번 버스 타고 쭝샨루(中山路) 정류장 하차 후 도보 5분 ② 피차이위엔에서 도보 3분 ③ 잔교에서 도보 15분 시간 10:00~21:30 가격 60元~(1인 기준) 전화 0532-8282-7371

피차이위엔 바로 옆에 위치한 춘화루는 100년 넘는 전통을 간직한 식당이다. 칭다오와 산동 요리의 특색을 결합시켜 춘화루만의 특별한 요리를 만들어 오고 있다. 단연 인기는 '쩡지아오즈蒸饺子'라고 부르는 찐만두와 750g의 닭 한 마리를 통째로 쪄서 다시 한 번 튀긴 '샹쑤지香酥鸡'다. 이곳의 쩡지아오즈는 어만두와 비교하면 만두피가 더 얇고 쫄깃하다. 샹쑤지는 우리나라 통닭과 비슷하게 생겼는데 맛은 다르다. 튀김옷을 입히지 않아서 닭 껍질이 바삭하고, 속살의 식감은 약간 퍽퍽하다. 닭 벼슬이 달린 머리까지 고스란히 튀겨져 나와서 놀랄 수도 있다. 그러나 중국에서 닭 요리는 머리까지 통째로 올라와야 완벽한 요리로 여기니 이상하게 생각할 필요는 없다. 그 밖에 탕수육이 맛있기로 유명한데 다른 곳보다 비싸다.

🐼 **추천 메뉴**

싼시엔쩡지아오 三鲜蒸饺	돼지고기, 말린 작은 새우, 목이버섯을 넣은 찐만두
시엔러우샹꾸쩡지아오 鲜肉香菇蒸饺	돼지고기, 표고버섯을 넣은 찐만두
따샤런쩡지아오 大虾仁蒸饺	돼지고기, 야채, 껍질을 깐 새우 한 마리를 통째로 넣은 찐만두
샹쑤지 香酥鸡	닭 한 마리를 통째로 찐 후 다시 기름에 튀긴 요리
탕추리지 糖醋里脊	탕수육

지모루 소상품 시장 即墨路小商品市场 [지모루 샤오상핀 스창]

주소 青岛市 市南区 聊城路 47号 **위치 ❶** 피차이위엔에서 도보 10분 **❷** 독일 풍물 거리, 루쉰 공원, 신호산 등지에서 214번 버스 타고 스창싼루(市场三路) 정류장 하차 **시간** 8:00~18:00

원래는 1980년대 조성된 노천 시장이었다. 가장 흥성했던 1987년에는 지모루即墨路를 중심으로 일대에 1,300여 개의 좌판에서 11,000여 종의 상품을 판매했다고 한다. 1997년에 전통 건축 양식으로 건물을 짓고 시장이 실내로 들어왔다. 우리나라 사람들에게는 베이징의 수수가秀水街[슈쉐이제]를 닮은 짝퉁 시장으로 많이 알려졌다. 규모가 매우 커서 다 돌아보는 사람은 많지 않다. 주로 스포츠 의류, 구두, 운동화, 가방, 시계, 지갑, 모자, 다구茶具를 판매하는 구역에 시간을 할애한다. 칭다오에 오래 거주한 한국인들에 따르면 이곳의 이미테이션 제품은 예전에 비해 인기가 많이 사그라졌다고 한다. 주로 외지에서 온 여행자들이 이곳을 찾는다.

강녕회관 江宁会馆 [장닝훼이관]

주소 青岛市 市南区 江宁路 10号 **위치 ❶** 218, 301, 305, 320번 버스 타고 쭝산루(中山路) 정류장 하차 후 도보 6분 **❷** 잔교에서 도보 15분 **시간** 10:00~21:00 **가격** 80元~(2인 기준) **전화** 0532-8285-5666

강녕회관은 피차이위엔의 상당한 부분을 차지하고 있다. 과거에 회관은 숙박업소와 식당, 다관茶馆[차관]을 겸하고, 다양한 공연이 열리는 공간이었다. 지금도 이곳에서는 전통 공연을 감상하면서 식사를 할 수 있다. 점심 식사 시간(11:30~13:00)과 저녁 식사 시간(18:30~20:00)에 하루 2회 공연을 연다. 전통 악기 연주, 인기 가요, 경극 등 월요일부터 일요일까지 열리며, 공연 내용이 조금씩 다르다. 주문은 테이블 위에 진열해 놓은 음식 모형과 사진을 보고 한다. 손가락으로 가리켜 주문하면 되는데, 종류가 너무 많아서 고르기가 쉽지 않다. 추천 메뉴가 이곳에서 가장 인기 있는 요리이니 참고하자. 그중 진파이탄카오러우金牌碳烤肉가 특히 맛있다.

추천 메뉴

진파이탄카오러우 金牌碳烤肉	숯불에 구운 중국식 돼지 불고기
라차오거리 辣炒蛤蜊	매운 조개 볶음
무통떠우화 木桶豆花	나무통에 담겨 나오는 순두부 요리
카오빠위 烤鲅鱼	삼치구이
탕추리지 糖醋里脊	탕수육
꿔티어 锅贴	육즙이 맛있는 군만두
양저우차오판 扬州炒饭	각종 야채와 계란 볶음밥

20세기 초 칭다오의 월스트리트

독일 풍물 거리 德国风情街 [더궈 펑칭제]

주소 青岛市 市南区 馆陶路 **위치 ①** 211; 214, 222번 버스 타고 관타오루(馆陶路) 정류장 하차 **②** 황다오에서 隧道 1, 隧道 5번 버스 타고 따아꺼우(大窑沟) 정류장 하차 **③** 피차이위엔에서 도보 12분 **시간** 24시간 **요금** 무료

거리의 정식 명칭은 관타오루馆陶路다. 1km 남짓한 2차선 도로를 따라 유럽식 건물이 이어진다. 원래 관타오루는 1899년에 독일이 '서양인 구역'으로 조성한 거리였다. 2009년 칭다오시가 거리를 재정비하면서 '독일 풍물 거리'라고 이름 붙였다. 건축에 관심 있거나, 특별한 숙소를 찾는 여행자라면 이곳을 주목하자. 80~100년 역사를 간직한 건축물이 잘 보존되어 있는데, 그중 상당수가 실내를 유스호스텔과 호텔로 개조해서 영업하고 있다. 관타오루의 최고 전성기였던 1930년대에는 외국계 은행과 무역 회사 지점이 50여 개에 달하여 '칭다오의 월스트리트'로 불렸다. 당시 칭다오의 상업 중심지였던 쭝샨루中山路의 번영은 관타오루와 밀접한 관계가 있었다고 한다. 이곳의 무역 회사들이 잘 될수록 쭝샨루에서 유럽의 패션과 화장품 등이 덩달아 잘 팔렸다고 한다. 현재 관타오루에는 역사적으로 의미가 있는 건축물 25채가 보존되어 있는데, 다음에 소개한 3곳이 가장 특별하다.

스탠다드차타드 은행 유적 渣打银行旧址 [자더 인항 지우즈]
주소 馆陶路 2号

스탠다드차타드(Standard Chartered Bank) 은행이 칭다오 지점으로 사용했던 건물이다. 관타오루 최남단에 있으며, 지금은 화평의원 和平医院[허핑이위엔]이 건물을 사용하고 있다. 외관 전체를 화강암으로 장식했고, 지붕은 붉은 기와로 덮었다. 지은 지 80여 년이 지났음에도 여전히 견고하고 웅장하다.

> **TIP** 관타오루는 날개 달린 여인의 조각상이 서 있는 화평의원 和平医院[허핑이위엔]에서 여행을 시작하는 것이 좋다. 그래야 다음에 소개한 건물을 차례대로 볼 수 있다. 화평의원 라인의 건물들은 번지수가 짝수이고, 도로 건너 라인은 홀수다.

칭다오 거래소 유적
青岛取引所旧址 [칭다오 취인쑤워 지우즈]
주소 馆陶路 22号

일본인이 설계해 1920년에 건설했다. 구시가지에서 교오 총독부를 제외하고, 가장 웅장한 건축물로 꼽힌다. 정면에서 보면 건물의 중앙 꼭대기에 세운 2개의 탑이 눈길을 끈다. 일제 강점기 때는 일본인이 이사장으로 취임한 유가 증권 거래소였고, 1949년 중화인민 공화국 건립 후에는 중국이 해군 클럽으로 사용했다.

보륭 양행 유적
宝隆洋行旧址 [바오룽 양항 지우즈]
주소 馆陶路 28~30号

1925년에 덴마크의 보륭 양행宝隆洋行[바오룽양항] 무역 회사가 사무실로 사용했다. 이 회사를 통해서 칭다오의 대표 농산물인 땅콩과 깨 등이 수출되었고, 철강 제품과 고무 및 밀가루가 칭다오로 수입되었다. 당시 중국에 거주하는 덴마크인이 매우 적어서 보륭 양행은 영사관 업무를 겸했다고 한다. 지금은 차오청 유스호스텔巢城青年旅舍[차오청 칭니엔뤼스]이 입점해 있다.

Now 줌인

관타오루 옆길, 흥미로운 닝보루宁波路

관타오루와 수직 교차하는 여러 도로들 가운데 닝보루宁波路는 특별한 길이다. 그러나 겉에서 보면 무엇이 특별한지 도통 감이 안 온다. 닝보루의 특별함은 거리에 늘어선 건물의 안쪽에 있다. 아치형 문을 통과하면 좁은 골목이 나타난다. 바로 칭다오의 전통 골목인 리위엔里院으로, 사람 사는 냄새가 물씬 난다. 아치형 대문 안쪽 벽면에 우편함이 다닥다닥 붙어 있고, 전기 계량기가 골목에 사는 가구의 숫자만큼 걸려 있다. 골목 안으로 더 들어가면 2~3층의 연립 주택이 口, 日, 凸, 目 모양으로 이어진다. 이 광경은 화려한

유럽식 건축이 즐비한 관타오루와 대비되어 더 흥미롭다. 지금도 사람들이 살고 있으므로 이곳을 둘러볼 때는 조용히, 사진도 주민들을 배려해서 찍도록 하자.

리위엔의 유래

리위엔은 독일이 칭다오를 점령한 후 유럽인과 중국인이 사는 구역을 구분 지으면서 생겨났다. 1898년에 독일이 세운 도시 개발 계획에 따라 관해산观海山[관하이산] 북쪽은 중국인 거주지, 남쪽은 유럽인 거주지로 나뉘었다. 중국인들은 좁은 공간에 많은 인구가 살게 되면서 작은 뜰 하나를 가운데 두고, 2~3층의 목조 건물이 사방을 둘러싸는 형태로 주택을 지었다. 리위엔이 가장 많았던 시기는 1930~1948년으로 760곳에 달했다고 한다. 지금은 그 숫자가 급격히 줄어, 사라져 가는 추세다.

정통 슈바인 학센을 판매하는 독일 레스토랑

바이쓰투 더궈 찬바 柏斯图德国餐吧 ZUR BIERSTUBE 🍴

주소 青岛市 市南区 馆陶路 2号 **위치** ❶ 211, 214, 222번 버스 타고 관타오루(馆陶路) 정류장 하차 ❷ 황다오에서 隧道 1, 隧道 5번 버스 타고 따야꺼우(大窑沟) 정류장 하차 ❸ 피차이위엔에서 도보 12분 **시간** 10:00~22:00 **가격** 180元~(2인기준) **전화** 0532-8283-3002

독일 풍물 거리인 관타오루馆陶路 초입에 있는 독일 레스토랑이다. 칭다오에 사는 독일인이 고향 음식을 친구들과 나누고 싶어서 이 음식점을 열었다고 한다. 직접 독일식 햄을 생산하는 공장까지 운영하고 있다. 본점은 칭다오시 박물관이 있는 윈링루云岭路에 있는데, 반응이 좋아서 이곳에 분점을 냈다. 수제 햄이 먹고 싶다면 이곳을 추천한다. 독일식 돼지 족발 요리인 슈바인 학센은 가격이 다소 비싸지만, 정통의 맛이라는 평가를 받고 있다. 햄과 베이컨, 토스트, 감자구이와 달걀 프라이를 곁들인 브런치 메뉴도 판매한다. 그 밖에 스파게티, 피자, 햄버거, 핫도그, 샌드위치, 스테이크 등 다양한 식사 메뉴도 준비되어 있다. 메뉴판에 사진과 간단한 영어 설명이 있어서 주문하기 쉽다. 독일 맥주도 다양하게 판매한다.

추천 메뉴

징디엔카이싸사라 经典凯撒沙拉	시저 샐러드
뤼쫭카오창 蝶状烤肠	돼지고기 소시지
추웨이피카오쭈저우페이쏸차이 脆皮烤猪肘配酸菜	껍질이 바삭한 돼지 허벅지 요리와 아삭하고 새콤한 독일식 양배추 김치
더스피싸 德式披萨	독일식 피자
러거우 热狗	핫도그
자오우찬 早午餐	브런치

중국의 수준 원점이 있는 무료 전망대

관상산 공원 观象山公园 [관샹산 꿍위엔]

주소 青岛市 市南区 观象二路 15号 **위치** 212, 214, 218, 222, 301, 305, 308, 320번 버스 타고 스리이위엔(市立医院) 정류장 하차 후 교회 옆 오르막길로 도보 10분 **시간** 24시간 **요금** 무료 **전화** 0532-8288-3635

관상산의 옛 이름은 소석산小石山[샤오스산]이었다. 산에 작은 암석小石이 많아서 소석산이라고 부르다가, 1910년에 독일이 날씨와 천문 현상을 관측하는 관상대观象台[관샹타이]를 건설한 후 이름을 관상산으로 바꾸었다. 당시 상하이와 홍콩의 관상대와 함께 '중국 동부의 3대 관상대'로 꼽혔다. 1980년대에 공원으로 개방하면서 시민들이 즐겨 찾는 쉼터가 되었다. 해발이 최고 79m인 관상산은 여행자에게 제법 괜찮은 전망대다. 산정의 테라스에서 구시가지와 바다가 보인다. 신호산과 소어산 전망대보다 풍경은 덜 멋지지만, 무료라는 장점이 있다. 산정에는 3채의 특별한 건물이 있으니, 관심 있으면 둘러보자.

석두루 石头楼 [스터우러우]

독일이 관상대로 사용했던 건물이다. 중세 유럽의 성처럼 지었다. 지금은 중국 인민해방군이 기상 관측소로 사용하고, 군사 관리 구역이기 때문에 개방하지 않는다.

수준 원점 水准原点 [쉐이준위엔디엔]

석두루 앞쪽에 대리석으로 지은 작은 건물이다. 언뜻 보면 건물이 아니라 조형물 같다. 건물 주위를 대리석 담장과 초록색 펜스를 둘러 2중으로 보호한다. 건물 안에 둥그스름한 돌이 하나 놓여 있다고 한다. 그 돌이 놓인 높이가 중국의 수준 원점이다. 수준 원점이란 '국토의 높이를 측정하는 기준이 되는 점'을 뜻한다. 이곳에 돌이 놓인 해발 72.260m를 기준으로, 중국의 산과 철도, 도로 등의 고도를 측정한다.

원정 관측실 圆顶观测室 [위엔딩 관처스]

백색의 돔 지붕을 덮은 건물로, 1931년에 지은 천문대다. 현재 절반은 천문 관측실로, 절반은 유스호스텔로 운영되고 있다. 천문 관측실에는 중국이 처음으로 프랑스에서 들여온 천체 망원경이 있다. 매달 1회 일반인에게 관측실을 개방하여 안내원의 설명을 들으면서 태양과 달의 운행을 관찰할 수 있다. 개방일과 시간은 홈페이지(www.qdgxt. kepu.net.cn)에서 확인하고 신청할 수 있다.

100년 된 아담한 독일식 건물

가목 미술관 嘉木美术馆 [자무 메이슈관]

주소 青岛市 市南区 安徽路 16号 **위치** 221, 225번 버스 타고 안후이루(安徽路) 정류장 하차 후 도보 5분 **시간** 9:30~17:30(월~토요일), 9:00~18:00(일요일) **요금** 무료

안후이루安徽路를 걷다가 전체가 붉은색인 유럽풍 건축물을 발견했다면 걸음을 멈추고 주목하자. 개인이 운영하는 작은 미술관인데 2013년부터 일반인에게 무료로 개방하고 있다. 건물 1, 2층에는 칭다오를 스케치한 작품과 포스터 100여 점이 걸려 있다. 특별히 눈에 띄는 작품은 없지만 100년 된 독일식 건물의 실내를 구경하는 재미가 있다. 1층에는 자그마한 기념품 숍도 있다. 주로 예쁜 그림을 프린트한 우산과 스카프, 칭다오를 수채화로 그린 작품 등을 판매

한다. 아담한 정원에는 지문指紋[즈원]이라는 커피 갤러리(Coffee Gallery)가 있고 100년 된 은행나무가 눈길을 끈다.

칭다오 여행 기념 스탬프 찍기

칭다오 우전 박물관 青岛邮电博物馆 [칭다오 여우띠엔 보우관]

주소 青岛市 市南区 安徽路 5号 **위치** ❶ 25, 26, 202, 223, 304, 307번 버스 타고 칭다오루(青岛路) 정류장 하차 후 도보 5분 ❷ 잔교에서 도보 8분 ❸ 가목 미술관에서 도보 4분 **시간** 9:30~18:00(5~10월), 10:00~17:00(11~4월) **요금** 30元 **전화** 0532-6889-7889

칭다오 우전 박물관은 안후이루 安徽路와 광시루广西路가 교차하는 지점에 있다. 1901년에 독일이 유럽식 건물을 짓고 우체국으로 사용했다. 지금은 2층을 우전 박물관으로 꾸며서 칭다오의 우편과 전보 발전사를 일반인에게 소개하고 있다. 박물관에는 문물 1,000여 점과 사진 2,000여 점이 전시되어 있는데, 사실 여행자에게 흥미로운 내용은 아니다. 입장료마저 비싸서 관람은 추천하지 않는다. 그러나 이 건물의 1층과 4층에서 '여행의 낭만'을 즐길 수 있다. 1층에서는 칭다오의 유명 건축물과 관광지를 그린

엽서를 판매한다. 큰 테이블과 의자를 마련해 두어서 여행자들이 현장에서 바로 엽서를 작성할 수 있다. 그리고 엽서를 곧바로 보낼 수 있는 미니 우체국도 운영한다. 테이블 한쪽에는 여행자를 위한 기념 스탬프도 준비해 놓았다. 엽서를 작성한 후 칭다오 대표 관광지가 새긴 스탬프를 찍어도 좋고, 가지고 있는 수첩이나 노트에 기념 삼아 찍어도 된다. 1층 측면에는 양우서방良友书坊, 4층에는 탑루 1901塔楼 1901이라는 멋진 카페가 있다.

양우서방 良友书坊 [량여우슈팡]

주소 青岛市 市南区 安徽路 5号, 1F **위치 ❶** 25, 26, 202, 223, 304, 307번 버스 타고 칭다오루(青岛路) 정류장 하차 후 도보 5분 **❷** 잔교에서 도보 8분 **❸** 가목미술관에서 도보 4분 **시간** 10:00~21:30 **가격** 30元~(1인 기준) **전화** 0532-8286-3900

양우서방은 칭다오에서 손꼽히는 카페 겸 독립서점이다. 칭다오 우전박물관青岛邮电博物馆 건물 1층에 입점해 있다. 1926년 상하이에서 발간된 《양우화보良友画报》에서 이름을 따왔고, 실내 인테리어 역시 옛 상하이 분위기로 꾸몄다. 우리나라 북 카페를 닮았는데, 감미로운 음악과 따뜻한 조명이 마음을 편안하게 한다. 실제로 카페에서 책과 잡지를 판매한다. 대형 책꽂이에 꺼내 읽을 수 있는 책과 판매하는 책들이 가득 진열돼 있다. 프런트에서 음료를 주문·계산하고 원하는 자리에 앉아 있으면 직원이 가져다준다. 중국어를 안다면 카페 중앙의 주황색 타자기 밑에 있는 노트들을 꺼내서 읽어 보자. 이곳을 방문했던 중국인들이 남긴 글이 빼곡하게 적혀 있다.

탑루 1901 塔楼 1901 [타러우 야오지우링야오]

주소 青岛市 市南区 安徽路 5号, 4F **위치 ❶** 25, 26, 202, 223, 304, 307번 버스 타고 칭다오루(青岛路) 정류장 하차 후 도보 5분 **❷** 잔교에서 도보 8분 **❸** 가목미술관에서 도보 4분 **시간** 10:00~21:30 **가격** 30元~(1인 기준) **전화** 0532-6677-2799

이곳에 들어서는 순간 '모든 오래된 것들은 저마다의 추억을 남긴다'라는 말이 떠오른다. 1901년에 지은 칭다오 우전 박물관青岛邮电博物馆 건물 4층에 입점해 있는데, 처음 건물이 지어졌을 때의 모습 그대로 보존돼 있다. 칭다오에서 가장 복고적인 카페로 꼽을 만하다. 벽과 천정을 전부 목조로 장식했고, 둥근 창문, 스테인드글라스로 만든 조명, 오래된 건축 등이 고풍스러운 분위기를 자아낸다. 매장의 일부를 갤러리로 꾸며서 주기적으로 사진과 그림 전시회를 연다. 커피 맛이 좋고, 저녁에는 바로 변신하여 칵테일을 판매한다. 그 밖에 피자, 스파게티 등 간단한 식사 메뉴도 있다. 프런트에서 메뉴판을 보고 주문하면 된다. 메뉴판에는 영어도 표기되어 있다.

과거 독일이 법원으로 사용했던 건물

교주제국법원 유적 胶州帝国法院旧址 [지아오쩌우띠궈파위엔 지우즈]

주소 青岛市 市南区 德县路 2号 **위치 ❶** 217, 218번 버스타고 칭다오루(青岛路) 정류장 하차 후 도보 2분 **❷** 잔교에서 도보 10분 **❸** 칭다오 우전 박물관에서 도보 5분

교오 총독부 앞 광장에서 오른쪽에 있는 건물이다. 역시 독일인의 설계로 1912년에 짓기 시작해서 1914년에 완공되었다. 독일이 법원으로 사용했던 건물로, 창틀과 건물 아랫부분을 돌로 장식한 것이 아름답다. 한 치의 오차 없이 좌우 대칭되는 교오 총독부 유적과 달리, 이 건물은 자유로운 분위기로 지어졌다. 현재는 구시가지와 신시가지가 속한 스난취市南区 검찰청으로 사용 중이다.

칭다오의 100년 근대사가 담긴 건축물

교오 총독부 유적 胶澳总督府旧址 [지아오아오 종뚜푸 지우즈]

주소 青岛市 市南区 沂水路 11号 **위치 ❶** 217, 218번 버스타고 칭다오루(青岛路) 정류장 하차 후 도보 2분 **❷** 잔교에서 도보 10분 **❸** 칭다오 우전 박물관에서 도보 5분

교오 총독부는 칭다오에 남아 있는 옛 건축물 중에서 규모가 가장 크다. 건물의 좌우 길이가 22m로 독일인의 설계에 따라 1904년에 짓기 시작해 1906년에 완공되었다. 화강암으로 뒤덮인 건물은 지하 2층, 지상 3층으로 좌우가 완벽하게 대칭된다. 정문이 있는 가운데 부분을 앞으로 튀어나오게 지은 것이 특징이다. 정문을 기준으로 좌우에 6개의 도로가 부채꼴 모양으로 뻗어서 건물이 한층 더 웅장해 보인다. 이곳은 20세기 칭다오 정치의 중심지였다. 교오胶澳[지아오아오]는 독일이 칭다오를 부르던 옛 이름으로, 독일은 이곳을 교오 지역을 통치하는 총독부와 해군 고위 관리들의 사무실로 사용했다. 일본이

칭다오를 점령한 1914~1922년에는 일본의 수비군 사령부로 사용했다. 중국이 칭다오의 주권을 회복한 후에는 1993년까지 시청으로 사용했다. 일부러 찾아갈 필요는 없지만, 지나는 길이라면 들러 보자. 여행객은 내부로 들어갈 수 없고, 바깥에서 사진만 찍을 수 있다.

구시가지를 360° 방향에서 감상할 수 있는 전망대

신호산 信號山 [신하오산]

주소 青岛市 市南区 龙山路 17号 **위치** ❶ 214, 217, 220, 221번 버스 타고 칭이푸위엔(青医附院) 정류장 하차 후 도보 5분 ❷ 영빈관에서 도보 5분 **시간** 7:00~18:30 **요금** 5元(전망대 10元)

해발 98m의 신호산은 구시가지에서 가장 높은 산이다. 원래 이름은 큰 돌이 많아서 대석산大石山[따스산]이었다. 1903년에 독일이 산 정상에 무선 전신국과 신기대信旗台[신치타이]를 설치한 후 신호산으로 이름을 바꾸었다. 신기대는 '깃발을 거는 곳'이란 뜻으로, 그날의 풍력과 날씨에 따라 깃발 색을 달리 걸어서 일기를 예보했다고 한다. 현지인들은 그날 깃발의 색깔로 풍력과 날씨는 물론 교주만胶州湾[지아오저우완]에 배가 있는지 없는지, 항해 중인 배가 어느 나라의 배인지를 알 수 있었다고 한다. 그러나 지금은 공원이 되어 여행객을 맞이하고 있다. 산에 올라 바라보는 전망이 훌륭하다. 차츰 시야가 넓어지면서 구시가지가 훤히 보인다. 바다에는 잔교와 소청도가 있고, 붉은 지붕들 사이에서 장쑤루의 기독교당, 저장루의 천주교당, 영빈관을 찾아보는 재미가 있다. 하이라이트는 산정에 세운 전망대에서 바라보는 풍경이다. 1989년 버섯 모양의 건물 3동을 짓고, 그중 하나를 전망대로 꾸몄다. 전망대에 오르면 칭다오를 360° 방향에서 볼 수 있다. 전망대 바닥이 20분에 걸쳐 자동으로 360° 회전하기 때문에 의자에 앉아서 풍경을 감상하면 된다. 창문의 얼룩이 옥에 티지만, 사진은 제법 잘 나온다. 하루 중 석양이 물드는 늦은 오후 풍경이 가장 아름답다.

옛 독일 총독의 관저

영빈관 迎宾馆 [잉삔관]

주소 青岛市 市南区 龙山路 26号 위치 ❶ 214, 217, 220, 221번 버스 타고 칭이푸위엔(青医附院) 정류장 하차 후 도보 8분 ❷ 신호산에서 도보 5분 시간 9:00~17:00 요금 20元(4~10월), 13元(11~3월)

신호산 중턱 숲에 자리한 영빈관은 독일 총독总督[종뚜]의 관저로 지어졌다. 총독은 중국 지방 군대의 최고 사령관인 제독提督과 같아서 중국인들은 이곳을 제독루提督楼[티뚜러우]라고 부르기도 한다. 1905년에 짓기 시작해 1908년부터 입주해 사용했다. 건축 면적이 4,083m², 높이 30m에 달하는 웅장한 건축물이다. 외관을 화강암으로 독특하게 장식하고, 붉은색과 초록색 기와를 얹어 중세 유럽의 귀족이 사는 고성처럼 지었다. 건축에 총 50만 마르크가 들어갔고, 모든 원자재는 최고급으로 사용했다고 한다. 철골은 독일에서 가져왔고, 벽돌은 지정된 가마에서 특별하게 구워졌으며, 화강암은 라오산崂山에서 가장 품질 좋은 것을 채취해서 사용했다. 실내에는 독일 총독이 사용했던 독일제 가구들이 그대로 남아 있다. 그중 가장 귀한 것은 피아노다. 1876년 독일이 제작한 것으로 건반을 상아로 만들었다. 또한 가장 흥미로운 것은 2층에 설치한 '공중누각'이다. 누각의 알록달록한 유리 장식 중에서 단 하나가 투명하다. 그 투명한 유리 장식을 통해서 1층 로비를 내려다볼 수 있는데, 독일 총독은 이 투명 유리를 통해서 방문자를 일일이 확인했다고 한다. 그에게는 만날 사람과 만나기 싫은 사람을 구별 짓는 '비밀의 창'이었던 셈이다. 독일이 제1차 세계대전에서 패하고 칭다오에서 철수한 뒤에는 일본이 수비 사령관의 관저로 사용했다. 1949년 중화 인민 공화국 성립 후에는 중국 정부가 귀빈을 맞는 영빈관迎宾馆으로 사용했다. 1957년 마오쩌둥은 이곳에서 여름을 보내며 저우언라이, 덩샤오핑과 긴밀한 회의를 열기도 했다.

중세 고성을 닮은 교회

기독교당 基督教堂 [지뚜지아오탕]

주소 青岛市 市南区 江苏路 15号 위치 ❶ 214, 217, 220, 221번 버스 타고 칭이푸위엔(青医附院) 정류장 하차 후 도보 5분 ❷ 신호산에서 도보 10분 ❸ 영빈관에서 도보 10분 시간 8:30~17:00 요금 10元 전화 0532-8286-5970

저장루浙江路에 있는 천주교당이 고딕 양식으로 지어져 절제미가 빼어나다면, 이곳 장쑤루江苏路의 기독교당은 동화적인 분위기가 물씬 난다. 작은 고성처럼 생겨서 첫눈에 친근감이 샘솟는다. 독실한 기독교 신도였던 독일 총독이 자금을 투자해 1908년에 짓기 시작해 1910년에 완공하였다. 건물은 크게 첨탑에 시계가 달린 종루鍾楼[쫑러우], 본채인 예배당礼拜堂[리빠이탕]으로 나뉜다. 기독교당의 종루는 칭다오에 건축된 수많은 종루 가운데 가장 아름답기로 손꼽힌다. 파스텔 톤의 녹색 동銅 조각을 첨탑에 일일이 끼워 넣은 것이 특별하다. 이 첨탑은 칭다오 여행을 홍보하는 사진에 단골로 등장한다. 높이 39.10m의 종루는 꼭대기까지 올라갈 수 있다. 꼭대기에는 건물을 지을 때 설치한 괘종시계가 지금도 돌아가고 있다. 매 시각마다 은은한 종소리를 사방에 울려 퍼트린다. 예배당 안은 매우 소박하다. 별다른 장식 없이 화이트 톤으로 칠했다. 매주 토요일 오후 5시에 정규 예배가 있으나, 비교도의 참관은 허락하지 않는다.

> **TIP 교오 총독부에서 영빈관까지 이어진 독일의 흔적**
>
>
>
> 독일이 칭다오를 점령했던 시기에 교오 총독부는 정치의 중심지였다. 그리고 신호산 중턱에 지은 영빈관은 당시 독일 총독이 살았던 관저다. 두 건물은 서로 650m쯤 떨어져 있는데, 이 일대에 독일 조차지 시절의 흔적이 가장 짙게 남아 있다. 교오 총독부에서 영빈관 방향으로 이쉐이루沂水路를 따라 걸으면서 그 흔적을 하나하나 찾아보면 꽤 재미있다. 먼저 교오 총독부에 180m 떨어진 곳에 독일 해군이 본부로 사용했던 건물海军营部大楼旧址[하이쥔 일부 따라우 지우즈]이 남아 있다. 그리고 이쉐이루와 장쑤루江苏路가 만나는 지점에는 기독교당基督教堂[지뚜지아오탕]이 있다. 독실한 기독교 신자였던 총독은 주일마다 이 교회에서 예배를 드렸다고 한다. 관저인 영빈관에서 500m 거리에 교회를 지은 것도 매주 예배에 참여하기 위해서였다. 교회에서 영빈관은 걸어서 10분 걸린다. 이 루트를 따라 걷다 보면, 자연스레 과거 독일 총독의 일상이 상상된다.

바다를 지키는 여신 '마조'를 모신 사원

천후궁 天后宫 [티엔허우꿍]

주소 青岛市 市南区 太平路 19号 **위치 ①** 기차역에서 26번 버스 타고 티엔허우꿍(天后宫) 정류장 하차 **②** 202, 223, 228, 304, 312번 버스 타고 따쉬에루(大学路) 정류장 하차 후 도보 5분 **③** 잔교에서 도보 12분 **④** 지하철 3호선 런민훼이탕(人民会堂)역 A1 출구에서 도보 6분 **시간** 9:00~16:00(입장 마감 15:30) **요금** 무료 **전화** 0532-8287-7656

천후궁은 1467년 명나라 때 바다를 지키는 여신 마조妈祖[마주]를 모신 사당으로 처음 건설되었다. 지금도 유럽식 건축물이 즐비한 칭다오에서 유일하게 중국 전통 양식으로 지어진 건축물이라 눈에 확 띈다. 사원 안 천후전天后殿[티엔허우디엔]에 마조를 모시고 있다. 정중앙에 붉은 망토를 두른 여신이 바로 마조다. 독일은 칭다오를 점령한 후 천후궁을 없애려 했지만, 주민들의 격렬한 항의로 살아남았다. 일제 강점기에 천후궁은 칭다오 사람들에게 정신적인 지주 역할을 했고, 중화민국 시기에는 장례식장을 설치해서 가족이 죽으면 이곳에 와서 기도를 드렸다고 한다. 하지만 문화대혁명 때 관내 벽화와 문물을 몽땅 약탈당했고, 건물도 심하게 파괴되었다. 지금의 모습은 1996년 새롭게 재건한 것으로, 마조를 모신 사당 겸 칭다오 민속 박물관青岛民俗博物馆[칭다오 민쑤 보우관]으로 운영하고 있다. 그러나 박물관이란 말이 무색할 정도로 전통 민속과 관련된 유물은 매우 적

다. 천후궁에서 가장 오래된 것은 명나라 때 심은 두 그루의 은행나무다. 은행나무에는 방문객들이 소원 성취, 소망을 담아 건 붉은 팻말이 주렁주렁 걸려 있다.

TIP 바다를 지키는 여신, 마조妈祖

예부터 중국 동부와 남부의 해안가 사람들은 마조妈祖[마주]를 섬겼다. 바다를 지키는 여신으로 알려진 마조는 실존했던 인물이다. 그녀의 이름은 임묵林默으로, 10세기 송나라 때 푸젠福建의 바닷가 마을에서 어부의 딸로 태어났다. 그녀가 16세가 되던 해, 아버지와 오빠들이 고기잡이를 나갔다가 사고를 당했다. 그녀는 꿈속에서 풍랑을 만나 난파된 배에서 오빠들을 구했지만 아버지는 구하지 못했다고 한다. 그런데 실제로 오빠들은 거친 풍랑을 만나 무엇인가가 자신들을 들어 올려 살아서 돌아왔다. 하지만 아버지는 돌아오지 못했다. 그 뒤로 그녀는 풍랑이 휘몰아치는 날이면 바위에 앉아서 배

를 안전하게 인도했다고 한다. 그녀가 죽은 뒤에도 해상에서 위험에 처한 어부들이 그녀가 나타나 도와줘서 살아 왔다는 전설이 전해지면서, 해안가 사람들은 그녀를 기리는 사원을 세웠다. 그들은 마조를 바다를 지키는 수호신을 넘어 전지전능한 신神 '천후天后'로 받들어 모셨다. 지금도 타이완, 홍콩, 중국 동남부 해안가 사람들은 마조를 섬기는 전통이 뿌리 깊게 남아 있다.

독일 조차지 시절 유럽인 감옥

독일 감옥 유적 박물관 德国监狱旧址博物馆 [더궈 찌엔위 지우즈 보우관]

주소 青岛市 市南区 常州路 23号 **위치 ❶** 202, 223, 228, 304, 311, 312번 버스 타고 따쉬에루(大学路) 정류장 하차 후 도보 4분 **❷** 25, 307, 367번 버스 타고 따쉬에루(大学路) 정류장 하차 후 도보 6분 **❸** 천후궁에서 도보 5분 **❹** 잔교에서 도보 15분 **❺** 지하철 3호선 런민훼이탕(人民会堂)역 A1 출구에서 도보 4분 **시간** 9:00~11:00, 13:00~17:00 **요금** 25元(4~10월), 5元(11~3월) **전화** 0532-8286-8820

1897년 독일이 칭다오를 점령한 후 가장 먼저 한 일은 사법 통치부를 건립하는 것이었다. 곧이어 두 개의 감옥을 건설했는데, 그중 하나가 바로 이곳이다. 당시 외국 국적을 가진 범죄자만 수용해서 '유럽인 감옥歐人监狱'이라고도 불렀다. 참고로 다른 하나는 리춘李村에 지어 중국인 범죄자를 가두었다. 원래 20동이 넘는 건물이 있었지만, 지금까지 보존된 것은 10동이 채 되지 않는다. 그중 인仁동과 의义동을 박물관으로 꾸며서 실내를 공개하고 있다. 지금은 잠시 여행객의 방문을 중단하고 있다.

인仁 [런]

독일이 외국 국적의 범죄자를 수용했던 감옥 건물이다. 1900년에 독일의 고성 형식으로 지어졌다. 붉은 벽돌로 둥글게 쌓은 탑루碉楼[탸오러우]가 인상적이다. 실내에는 감방과 고문실 등이 고스란히 보존돼 있다. 감방 안에 사람 크기의 인형을 배치해서 옛 감옥의 광경을 재현해 놓았는데, 인형이 유럽인이 아니고 중국인 얼굴이어서 의아할 수 있다. 1914년 독일이 칭다오에서 물러나고 일본이 점령한 뒤에는 중국인 애국지사와 일본군 범죄자를 수용하는 용도로 사용했기 때문이다. 지하에는 일본이 물고문을 했던 수뢰水牢가 남아 있다. 1945년 일본이 패망한 뒤에는 중국이 칭다오 지방 법원 구치소로 사용했다.

의义 [이]

1924년에 중국이 칭다오 검찰청으로 지어 사용했던 건물이다. 안으로 들어가면 청나라 말기부터 독일 점령기, 일제 강점기 등, 시대별로 칭다오 사법 제도를 사진과 도표로 소개해 놓았다. 아쉽게도 설명은 중국어로만 적혀 있다.

라오서 고택 맞은편의 소탈한 카페

쥐라프 커피 Giraffe Coffee   長頸鹿咖啡 [창징루 카페이]

주소 青岛市 市南区 大学路14号 1号楼 13号(老舍故居旁)   **위치 ①** 25, 307, 367번 버스 타고 따쉬에루(大学路) 정류장 하차 후 도보 6분 **②** 220번 버스 타고 위산루(鱼山路) 정류장 하차 후 도보 7분 **③** 라오서 고택에서 도보 1분 **④** 지하철 3호선 런민훼이탕(人民会堂)역 B 출구에서 도보 5분 **시간** 9:00~21:00(봄~가을), 9:00~18:00(겨울) **가격** 40元~(1인 기준) **전화** 0532-8286-1728

따쉬에루大学路와 황시엔루黃県路가 만나는 지점에 기린의 목을 그린 전봇대가 눈에 띈다. 문을 열고 카페에 들어서면 크고 작은 기린 캐릭터 인형들이 반긴다. 밖에서 보면 카페가 몹시 작아 보이지만, 실내를 2층으로 꾸몄다. 책장에 빼곡하게 꽂혀 있는 책들이며, 방문객들이 남긴 기념사진들, 거기에 오렌지 빛 조명이 마음을 편안하게 한다. 창문을 통해 맞은편 라오서 고택이 보이는 1층 창가 좌석이 인기다. 그 자리에서 사진을 찍으면 예쁘게 나오기 때문이다. 커피 맛이 출중하지는 않지만, 소탈한 분위기를 좋아하는 여행자들이 즐겨 찾는다. 커피와 어울리는 조각 케이크를 다양하게 판매한다.

> **TIP 구시가지의 보석, 옛 정취 물씬 나는 골목 산책**

이국의 도시와 친해지기에 가장 좋은 방법은 골목 산책이다. 칭다오의 구시가지에는 예쁜 골목이 여러 개 있는데, 그중 위산루鱼山路가 구시가지의 보석이라 불릴 만큼 옛 정취가 잘 보존되어 있다. 산책을 좋아하는 여행자라면 위산루에서 칭다오 미술관, 따쉬에루大学路, 라오서 고택이 있는 황시엔루黃県路까지 걷기를 추천한다. 220, 411번 버스가 위산루鱼山路 초입에서 정차한다. 위산루 골목에는 20세기 초 중국의 문화 명인들이 살았던 옛 주택들이 보존되어 있다. 바닥에는 돌을 직사각형으로 다듬어 깐 마야석루馬牙石路가 경사진 골목을 따라 펼쳐져 있다. 집집마다 대문 옆에 주소가 적혀 있는데, 그중 위산루21자(鱼山路21甲)라고 적힌 주택이 그림엽서로 단골로 등장한다. 기억할 점은 위산루는 번지수가 짝수로 이뤄진 골목과 홀수로 이뤄진 골목이 각각 있다는 것이다. 앞서 소개한 문화 명인들이 모여 살았던 골목은 홀수 번지수다. 위산루 21자 건물에서 칭다오 미술관으로 내려오면 따쉬에루가 이어진다. 따쉬에루는 구시가지를 대표하는 카페 거리인데, 하늘을 뒤덮은 가로수가 운치 있다. 따쉬에루와 이웃한 황시엔루 골목 초입에 라오서 고택이 있다. 황시엔루도 칭다오의 옛 모습이 잘 보존돼 있고, 골목을 따라 예쁜 카페가 여러 개 이어진다.

로마식, 중국식, 이슬람식 건축물이 한자리에

칭다오 미술관 青岛美术馆 [칭다오 메이슈관]

주소 青岛市 市南区 大学路 7号 **위치** ❶ 25, 307, 367번 버스 타고 따쉬에루(大学路) 정류장 하차 후 도보 3분 ❷ 220번 버스 타고 위산루(鱼山路) 정류장 하차 후 도보 5분 ❸ 라오서 고택에서 도보 5분 ❹ 지하철 3호선 런민훼이탕(人民会堂)역 B 출구에서 도보 3분 **시간** 9:00~16:30 **요금** 무료 **홈페이지** www. qdmsg.sdgw. com **전화** 0532-8288-8886

칭다오 미술관은 전시된 작품보다 건축물이 더 주목받는 곳이다. 넓은 정원에 로마식 건물, 중국 전통 양식의 건물과 정자, 이슬람식 건물이 중축선을 따라 차례로 이어진다. 이 건물들은 1934년에 짓기 시작해서 1940년에 완공된 후 홍만자회紅卍字会[홍완쯔훼이]가 사용했다. 정문을 통과해 먼저 로마식 건물을 감상한다. 건물 정면에 장식한 4개의 육중한 기둥이 인상 깊고, 좌우가 대칭되어 실제보다 더 웅장해 보인다. 중국식 건축물은 취푸曲阜의 공묘를 본떠 지었다. 정원에 주홍빛 유리 기와를 얹은 정자가 아주 운치 있다. 그 뒤로 기단基坛 위에 세운 이슬람식 건물이 이어진다. 겹처마를 얹은 외관만 보면 이슬람식 건물이라는 것이 선뜻 이해되지 않

는다. 중국 전통의 사찰 건축 양식이 많이 가미되었기 때문이다. 안으로 들어가면 바닥에 양탄자를 깔아놓은 듯한 이슬람의 푸른 문양이 눈에 띈다. 이 건물이 바로 미술관이며, 실내에 다량의 유화가 전시되어 있다. 매달 테마 전시회가 열리는데, 어떤 전시회가 열리는지 홈페이지에서 확인할 수 있다.

> **TIP** 홍만자회는 1920년대 산동 사람이 유교, 불교, 도교, 기독교와 이슬람교의 교리를 혼합해 창건한 신흥 종교 '도원道院[따오위엔]' 부속의 자선단체다. 빈민 구제를 위한 학교와 병원 및 고아원 등을 세우고 자선 활동을 해왔다. 그러나 신중국 성립 후 도원은 사이비 종교로 분류되어 강제 해산당했고, 홍만자회 역시 불법 단체로 간주되었다. 홍만자회는 홍콩, 타이완, 도쿄 등지에서 지금도 활동을 이어가고 있다.

소설 《낙타 샹즈》의 탄생지
라오서 고택 老舍故居 [라오셔 꾸쥐]

주소 青岛市 市南区 黄县路 12号 **위치 ①** 25, 307, 367번 버스 타고 따쉬에루(大学路) 정류장 하차 후 도보 5분 **②** 독일 감옥 유적 박물관에서 도보 8분 **③** 칭다오 미술관에서 도보 5분 **시간** 9:00~17:30 **요금** 무료

라오서(1899~1966)는 중국 현대 문학을 대표하는 인물이다. 중국 교과서에 작품이 가장 많이 실린 작가가 바로 라오서다. 그는 1934년 칭다오의 대학에 교수로 재임하면서 창작 활동을 이어갔다. 그는 이곳에서 일생의 걸작으로 꼽히는 소설 《낙타 샹즈骆驼祥子》를 완성했다. 라오서 고택은 현재 낙타 샹즈 박물관骆驼祥子博物馆[뤄퉈 샹즈 보우관]으로 운영되고 있다. 마당에 들어서면 인력거를 끄는 샹즈祥子의 동상과 라오서의 흉상이 있고, 벽면에는 《낙타 샹즈》의 주요 장면들이 만화처럼 그려져 걸려 있다. 건물의 1층이 전시관이자 박물관이다. 50여 종의 《낙타 샹즈》 판본이 먼저 눈에 띈다. 한쪽에서는 1966년 NHK 방송국이 라오서를 취재했던 다큐멘터리를 방영한다. 라오서가 세상을 떠나기 전에 마지막으로 매체와 인터뷰했던 것이라고 한다. 그 앞쪽으로는 4개의 다른 영상이 묶음으로 방영되고 있다. 헤드폰을 끼고

들어 보자. 《낙타 샹즈》를 오페라, 영화, 뮤지컬, 경극으로 제작한 것인데, 각각의 개성이 뚜렷해 흥미롭다. 2층은 개인 다관茶馆으로 운영 중이며 일반인에게는 개방하지 않는다.

> **TIP** 소설 《낙타 샹즈》를 읽고 가면 한층 더 재미있게 박물관을 관람할 수 있다. 《낙타 샹즈》는 가난한 인력거꾼인 샹즈祥子의 인생 역경을 통해서 1920~30년대 중국 사회의 부조리한 현실을 파헤친 작품이다. 사회의 하층민이었던 샹즈를 통해서 당시 핍박받던 민중을 연민했다.

QINGDAO

창다오의 아름다움이 응집되어 있는 곳

팔대관 八大关
일대

팔대관 일대는 칭다오를 상징하는 '붉은 지붕과 초록 나무, 쪽빛 바다와 파란 하늘 红瓦綠树碧海蓝天'이 눈앞에 그대로 펼쳐진다. 팔대관은 초록 나무가 10개의 도로를 따라 촘촘히 이어지고, 칭다오가 독일의 조차지였던 시기와 일제 강점기 때 지은 별장과 주택이 집중돼 있다. 나뭇가지 사이로 붉은 지붕이 덮인 유럽풍 주택들이 슬쩍슬쩍 자태를 드러내 호기심을 부추긴다. 시내에서 아름답기로 손꼽히는 3개의 해수욕장도 이곳에 있다. 제1, 2, 3 해수욕장이 해변 산책로를 따라 연결되고, 마음만 먹으면 하루에 전부 걸어서 돌아볼 수 있다. 걸으면서 바라보는 도시와 바다, 하늘이 그림처럼 아름다워 유유자적 산책로를 걷는 자체가 잊지 못할 여행이 되니 많이 걷기를 추천한다.

소청도 小青岛

교오 충독부 유적 胶澳总督府旧址

궈하이산 공원 观海山公园

쉰하이산 공원 信号山公园

진커우루 金口路
798 유스호스텔
798 Youth Hostel
798 国际青年旅舍

런민에술관 人民艺术馆

루쉰 공원
鲁迅公园

중국해양대학 위산 분교
中国海洋大学鱼山校区

칭다오 해저세계
青岛海底世界

제1 해수욕장
第一海水浴场

샤오위산 小鱼山

선충산 고택
沈从文故居

하이볜더먀오허카페이관
海边的猫和咖啡馆

자유웨이 고택
服务为公寓

다수허루 大学路

치다오산 공원
青岛山公园

훼이취안광창
汇泉广场

다수허루 大学路

훼이취안 다이너스티 호텔
Huiguan Dynasty Hotel
汇泉王朝大酒店

동하이 대주점
东海大酒店

공주루
公主楼

제2 해수욕장
第二海水浴场

훼이취안광창
汇泉广场

중산공원역
中山公园站

중산 공원
中山公园

화스루
花石楼

팔대관 八大关

해안 산책로
滨海步行道

중국 농업은행
中国农业银行

중산 공원
中山公园

포터우루 佛涛路

중산 공원
中山公园

블랙 포레스트
BLACK FOREST
德国黑森林音乐餐厅

타이핑자 공원
太平角公园

타이핑양 보험회사역
太平洋保险公司站

여씨 흥탕탕
吕氏疙瘩汤

중기해산
蒸气海鲜

조하이로역
之翠路

제3 해수욕장
第三海水浴场

독어 커피
独甜咖啡

쯔하이산
紫荆山

대전해
大钱海

중국우정
中国邮政

화샤은행
华夏银行

팔대관 일대 BEST COURSE

대중적인 코스

칭다오의 아름다움이 응집되어 있는 코스로, 붉은 기와와 푸른 나무, 파란 하늘과 쪽빛 바다를 해안가에 놓인 산책로를 따라 걸으며 감상한다.

육지와 제방으로 연결된 작고 푸른 섬
소청도 小青島 [샤오칭다오]

주소 青島市 市南区 琴屿路 26号 **위치** 26, 202, 214, 228, 231, 304, 312, 321번 버스타고 루쉰꽁위엔(鲁迅公园) 정류장 하차 후 친위루(琴屿路) 따라 도보 15분 **시간** 7:30~19:30 **요금** 15元

원래는 육지에서 720m 떨어진 섬이었다. 잔교에서 바다를 보면 제일 먼저 소청도가 시야에 들어온다. 작은 섬에 하얀 등대가 뾰족 솟은 모습이 예뻐서 사진을 찍는 여행자가 많다. 그러나 1980년대 초반까지 잔교에서 소청도를 찍다 걸리면 필름을 압수당했다고 한다. 1988년에 공원으로 개방되기 전까지, 해군이 섬을 군사기지로 사용했기 때문이다. 지금은 섬이라는 말이 무색하게 두 발로 걸어서 갈 수 있다. 1941년에 일본이 육지와 소청도를 잇는 제방을 쌓았다. 섬에는 다양한 식물들이 자라고 있고, 숲으로 난 산책로도 있다. 그 산책로를 따라 걷다 보면 나뭇가지 사이로 등대가 보인다. 1900년에 독일이 칭다오 항青島港에 들어오는 배를 안전하게 인도하고자 처음 등대를 세웠다. 지금의 등대는 1914년 독일과 일본의 전쟁에서 파괴된 것을 재건한 것이다. 섬을 한 바퀴 돌아보는 데는 30분이면 충분하다.

해안 산책로가 아름다운 공원
루쉰 공원 魯迅公園 [루쉰 꽁위엔]

주소 青岛市 市南区 琴屿路 1号 **위치** 26, 202, 214, 228, 231, 304, 312, 321번 버스 타고 루쉰꽁위엔(魯迅公園) 정류장 하차 **시간** 7:00~19:00 **요금** 무료

루쉰 공원은 칭다오에서 가장 먼저 문을 연 공원이자 현지인들이 즐겨 찾는 공원이다. 공원을 중심으로 서쪽으로는 소청도小青島[샤오칭다오]가 이웃해 있고, 동쪽으로는 제1 해수욕장이 이어진다. 남쪽으로는 휘천만汇泉湾[웨이취엔완]의 푸른 바다가 펼쳐진다. 이런 천혜의 자연 조건 때문에 일찍이 공원으로 조성될 수 있었다. 1900년대 초에는 독일인들이 해안을 따라 소나무를 심고, 돌로 만든 테이블과 의자를 설치하고 빅토리아 공원이라 불렀다. 그 시절 여름이면 제1 해수욕장이 중국 동부 지역에 사는 유럽인들에게 최고의 피서지로 사랑받았는데, 그들은 해수욕을 하다가 이곳 소나무 그늘 아래 누워 휴식을 즐겼다고 한다. 그 후 수차례 공원 이름이 바뀌다가 1950년에 지금의 이름인 루쉰 공원이 되었다. 공원 정문에 화강암으로 조각한 3m 높이의 루쉰이 서 있다.

Now 즐인

구시가지의 아름다운 골목, 진커우루 金口路

옛 칭다오의 정취를 느끼고 싶다면 진커우루金口路 골목을 산책해 보자. 아트막한 언덕에 1920~1930년대에 지은 유럽식 주택이 밀집해 있어서, 조금 과장하면 지중해 같다. 언덕 위 골목을 따라 이어지는 유럽식 주택들은 과거에 주로 정부 요인이나 고위급 군인들이 거주했다고 한다. 진커우루 산책은 루쉰 공원 정문에서 시작하는 것이 좋다. 공원 앞 2차선 도로인 라이양루莱阳路 건너편에 있는 계단식 골목 7개가 진커우루와 연결된다. 여행자는 원하는 골목을 따라 올라가면 된다. 골목을 오르다 뒤를 돌아보면 푸른 바다가 보인다. 1930년대까지 진커우루는 하나의 길이었는데, 지금은 진커우이루金口一路, 진커우얼루金口二路, 진커우싼루金口三路로 나뉘었다. 세 골목은 서로 연결되며, 여행 성수기에도 한적해서 산책하기 좋다. 참고로 진커우이루는 소어산小鱼山과 연결되고, 진커우싼루에는 주택을 카페로 개조한 곳이 많다.

해양 생물을 총망라한 박물관

칭다오 해저세계 青岛海底世界 [칭다오 하이디스지에]

주소 青岛市 市南区 莱阳路 1号 **위치** 26, 202, 214, 228, 231, 304, 312, 321번 버스 타고 루쉰꽁위엔(鲁迅公园) 정류장 하차 후 도보 2분 **시간** 8:30~17:00 **요금** 해저세계 패키지 티켓(海底世界通票: 수족관, 바다 동물관, 해양 생물관, 해저 세계, 담수 생물관 포함) 130元(4~10월), 110元(11~3월) / 수족관 티켓(水族馆: 수족관, 바다 동물관, 해양 생물관, 담수 생물관 포함) 40元(4~10월), 20元(11~3월) **홈페이지** www.qdhdworld.com **전화** 0532-8289-2187

1932년에 건설한 칭다오 수족관青岛水族馆 [칭다오 쉐이주관]을 확장하여 해양 생물 박물관이 되었다. 석노인 해수욕장에서 가까운 극지해양세계极地海洋世界[지띠하이양스제]와 헷갈리기 쉬운데, 알고 보면 두 곳은 성격이 다르다. 칭다오 해저세계가 바다에 사는 생물과 표본을 총망라해 놓은 박물관이라면, 극지해양세계는 바다에 사는 동물들이 출연하는 쇼와 예쁜 물고기들을 감상하는 아쿠아리움 같은 곳이다. 바다 생물 자체에 관심이 있다면 이곳이 더 어울린다. 패키지 티켓을 구입하면 박물관에서 정해 놓은 순서에 따라 수족관 → 해수관 → 해양 생물관 → 해저 세계관 → 담수 생활관 순으로 관람한다. 최고의 하이라이트는 수족관과 해저 세계관이다.

전체를 관람하는 데 2시간 정도 소요되며, 주로 아이를 동반한 가족 단위 여행자들이 방문한다. 참고로 7~8월에는 관람객이 너무 많아 제대로 관람하기 어렵다. 수족관 티켓만 구입하면 해저 세계관을 제외한 나머지 4개 전시관을 볼 수 있다.

1번 ## 수족관 水族馆 [쉐이주관]

다른 이름으로 '환상적인 해파리 궁梦幻水母宫[멍여유 쉐이무꽁]'이라고 부른다. 수십여 종의 해파리 수천 마리가 살고 있다. 파란색 수족관의 해파리들이 이리저리 떠다니는 모습이 마치 우주를 둥둥 떠다니는 듯하다. 그밖에 살아 있는 산호를 볼 수 있다.

2번 ## 해수관 海兽馆 [하이셔우관]

수족관을 관람하고 나오면 루쉰 공원의 산책로와 연결된다. 산책로 옆 노천에 해수관이 있다. 안으로 들어가면 바다표범과 바다사자, 펭귄 몇 마리가 살고 있다.

해양 생물관 海洋生物馆 [하이양 성우관]

중국에서 가장 많은 해양 생물 표본을 보유한 박물관이다. 총 1,900여 종의 생물 표본이 전시돼 있다. 거대한 고래, 주둥이에 가늘고 기다란 봉이 달린 황새치, 바다거북, 바다표범 표본이 눈길을 끈다. 보석처럼 예쁘게 생긴 조개와 소라 껍데기도 흥미롭다.

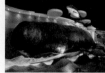  

해저세계 海底世界 [하이디 스제]

칭다오 해저세계를 대표하는 전시관이다. 관람객이 바다 속을 거니는 느낌이 들도록 해저 터널을 설치해 놓았다. 무빙워크를 걸으며 270도 방향에서 바다 생물을 관찰할 수 있다. 사람보다 큰 상어, 가오리, 각종 물고기가 떼를 지어 헤엄친다. 메인 수족관에서는 남자 스쿠버가 상어들과 함께 정해진 시간(11:00, 15:30)에 공연을 펼친다. 7.6m 높이의 원형 아크릴 수족관

도 볼만하고, 정해진 시간(9:30, 14:00)에 여성 스쿠버가 들어가 공연을 펼친다.

담수 생활관 淡水生活馆 [딴쉐이 성훠관]

저수지, 하천, 강에서 사는 다양한 생물을 볼 수 있다. 세계에서 가장 큰 담수어인 피라루크, 은백색 비늘이 아름다운 아로와나, 악어, 카멜레온 등이 눈길을 끈다.

  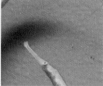

칭다오 시민들이 즐겨 찾는 해수욕장
제1 해수욕장 第一海水浴场 [띠이 하이쉐이위창]

주소 青岛市 市南区 南海路 23号 **위치** ❶ 26, 202, 214, 219, 228, 223, 304번 버스 타고 하이쉐이위창(海水浴场) 정류장 하차 후 도보 5분 ❷ 31, 302번 버스 타고 난하이루(南海路) 정류장 하차 ❸ 지하철 3호선 훼이취엔광창(汇泉广场) 역 C 출구에서 도보 5분 **시간** 24시간 **요금** 무료

사계절 내내 현지인들이 즐겨 찾는 해수욕장이다. 1901년 독일이 지금의 절반 규모로 해수욕장을 처음 조성했다. 물이 맑고 수심이 완만한 데다 모래까지 고와서 한동안 동아시아에서 가장 사랑받는 해수욕장으로 명성을 떨쳤다. 그러나 1914년에 중국인의 입장이 허용되기 전까지는 외국인만 입장할 수 있었다. 칭다오가 2008년 베이징 올림픽 요트 경기 개최지로 확정되면서 이곳도 대대적으로 정비했다. 동시에 2만 명을 수용할 수 있는 규모로 백사장을 넓히고, 탈의실도 새로 설치했다. 여름이면 하루 10만여 명이 이곳을 다녀간다고 한다. 때문에 8월이면 해양

수질 검사에서 수질이 불량하다는 평가를 받곤 한다. 가능하면 성수기를 피해서 방문하자. 비수기에는 한가로운 백사장를 맨발로 걸어도 좋고, 백사장에 앉아 잔잔히 밀려오는 파도를 감상하는 것도 즐겁다. 넘실거리는 파도 소리를 듣고 있으면 마음이 평온해진다.

> **TIP** 해안 산책로의 하이라이트, 루쉰 공원에서 제1 해수욕장까지
>
> 루쉰 공원은 둘러보는 데 10분이 채 안 걸릴 정도로 아담하다. 이렇게 작은 공원이 현지인들에게 사랑받는 이유를 알고 싶다면, 해안을 따라서 이어지는 산책로를 걸어 보자. 제1 해수욕장 방면으로 소나무가 우거진 산책로
>
>
>
> 를 걸으며 바라보는 풍경이 좋다. 기암괴석 위에서 게를 잡거나, 기념사진을 찍는 사람들이 정겹다. 바람에 나뭇가지가 흔들리는 소리와 청아한 새소리도 듣기 좋다. 거리가 1.1km밖에 안 되어서 천천히 걸어도 20분이면 충분하다.

깊고 푸른 바다가 한눈에 들어오는 전망대

소어산 小鱼山 [샤오위산]

주소 青岛市 市南区 福山支路 24号 **위치** ❶ 220번 버스 타고 샤오위산(小鱼山) 정류장 하차 ❷ 루쉰 공원에서 도보 13분 ❸ 제1 해수욕장에서 도보 15분 **시간** 7:30~18:30 **요금** 15元

해발이 60m 남짓해서 하이힐을 신고도 가뿐히 오를 수 있는 산이다. 소어산은 구시가지 산 중에서 해발이 가장 낮음에도 불구하고 전망대로서 큰 사랑을 받고 있는데, 그 이유는 칭다오에서 바다와 가장 인접한 산이기 때문이다. 1984년 산꼭대기에 세운 18m 높이의 남조각览潮阁[란차오거] 전망대에 오르

면 광활한 바다가 한눈에 들어온다. 특히 제1 해수욕장을 근접 촬영하기 좋다. 초승달처럼 휘어진 제1 해수욕장이 렌즈 안으로 쏙 들어온다. 육지를 바라보아도 아름답다. 숲 속에 붉은 지붕이 별처럼 박힌 신호산이 동화 속 한 장면처럼 펼쳐진다. 주의할 점은 남조각 전망대는 바람을 막아 줄 유리창이 달려 있지 않다. 때문에 바람 부는 날 모자를 쓰고 전망대에 올랐다면 모자가 날아가지 않도록 주의하자. 바다가 가까워서 도심보다 바람이 훨씬 더 세차다.

고양이 테마 카페

해변적묘화커피관 海边的猫和咖啡馆 [하이삐엔더먀오허카페이관]

주소 青岛市 市南区 福山支路 15号院 2层院内 **위치** 220번 버스 타고 샤오위산(小鱼山) 정류장 하차 후 소어산 매표소에서 대각선에 위치 **시간** 10:00~21:00 **가격** 25元~(1인 기준) **전화** 0532-8288-0850

고양이를 좋아하는 중국 20~30대 여자들 사이에서 인기가 높다. 카페는 소어산 출입구에서 대각선 맞은편 오래된 건물에 입점해 있다. 계단을 따라 2층으로 올라가면 아담한 카페가 나타난다. 작은 정원을 지나서 카페 안으로 들어가면, 2~3마리의 고양이가 먼저 손님을 반긴다. 실내는 화분들과 고양이 인형으로 아기자기하게 꾸며져 있

다. 손수 그린 예쁜 메뉴판에는 메뉴가 영어로도 적혀 있다. 라테를 주문하면 라테 아트로 카페의 마스코트인 고양이 얼굴을 그려 준다. 하지만 아쉽게도 맛은 그리 좋지 않다. 라테에 사용하는 우유 맛이 우리와 다르기 때문이다. 그러나 중국인들 중에는 이 맛을 좋아하는 사람이 꽤 많다. 중국인들이 좋아하는 커피 맛이 궁금하거나 고양이를 좋아한다면 방문할 만하다.

고풍스러운 유럽풍 건물이 가득한 교정

중국해양대학 위산 분교

中国海洋大学鱼山校区 [쭝궈하이양따쉐 위산 샤오취]

주소 青岛市 市南区 鱼山路 5号 위치 ❶ 정문은 루쉰 공원에서 진커우얼루(金口二路) 따라 끝까지 걸은 후 왼쪽 길 건너에 위치 ❷ 소어산에서 내려오면 파란색 표지판에 적힌 위산얼루(鱼山二路) 6-36 방향으로 도보 2~3분 ❸ 북문은 220번 버스타고 홍다오루(红岛路) 정류장 하차 후 도보 2분 시간 24시간 요금 무료

중국에서 교정이 아름답기로 손꼽히는 대학교다. 전망 좋은 소어산小鱼山과 이웃해 있고, 정문 앞에 예쁜 골목이 여러 갈래로 뻗어 있다. 학교 이름이 적힌 정문의 현판은 덩샤오핑邓小平의 글씨다. 교정 안에는 독일 비스마르크 군대의 병영이었던 옛 건물들이 보존돼 있다. 옛 병영 구경이 목적이라면 학생들에게 가는 방법을 묻자. 넓은 교정에 건물이 분산돼 있어서 찾기가 어렵다. 게다가 옛 건물들을 강의실과 연구실로 사용 중인데, 표지판에는 현재의 강의실과 연구실 이름만 표기돼 있다. 정문으로 들어왔다면 다음 순서대로 건축물을 찾아보면 된다. 그러나 애써 건물을 찾아다니기보다 가볍게 산책 삼아 걷기를 추천한다. 학생들이 내뿜는 청춘의 열기만으로 교정 산책이 즐겁다.

육이루

六二楼 [리우얼러우]

정문에서 바로 보이는 건물로, 1921년 일본이 일본인 중학교로 지었다. 칭다오가 1949년 6월 2일 일제에 해방된 것을 기념하고자 이름을 육이루六二楼로 개명했다. 건물은 측면에서 바라보면 정면에서 볼 때보다 더 웅장하게 느껴진다.

비스마르크 병영

俾斯麦兵营 [비쓰마이 삥잉]

표지판에는 수산관水产馆[쉐이찬관]으로 표기돼 있다. 1903년 독일이 비스마르크 병영으로 지었던 건물 중 하나다. 총 5동의 건물을 짓고 병영, 군관 기숙사, 사관 기숙사, 총포 수리 공장 등으로 사용했다고 한다.

원이둬 고택

闻一多故居 [원이둬 꾸쥐]

원이둬(闻一多,1899~1946)는 중국을 대표하는 시인이다. 그가 산동 대학교 교수로 재직하면서 1930~1932년까지 살았던 고택이 교정 안에 보존돼 있다. 고택 앞에는 커다란 원이둬의 흉상이 서 있다. 고택은 유럽식으로 지은 2층 건물로 샛노란 외벽이 특별한데, 여름이면 넝쿨 식물에 둘러싸이고 붉은 지붕만 모습을 드러낸다. 내부는 공개하지 않는다. 원이둬의 고택은 북문北门[베이먼]에서 교정을 바라보고 오른편에 있다. 정문에서 북문까지는 걸어서 10분 정도 걸린다.

캉유웨이 고택 康有为故居 [캉여우웨이 꾸쥐]

주소 青岛市 市南区 福山支路 5号 위치 ❶ 15, 25, 26, 202, 214, 223, 228, 231, 302, 304번 버스 타고 하이쉐이위창(海水浴场) 정류장 하차, 소어산 방면으로 도보 4분 후 파출소에서 오른쪽으로 꺾어진 골목 안으로 도보 1분 ❷ 제1 해수욕장에서 도보 5분 ❸ 소어산에서 도보 10분 시간 8:30~17:00(4~10월), 8:30~16:30(11~3월) 요금 무료 전화 0532-8287-9957

캉유웨이(康有为,1858~1927)의 고택은 본래 독일이 칭다오를 점령했던 초기에 독일 총독의 임시 관저였다. 영빈관이 완공되자 독일 총독은 이곳을 떠났다. 그 후 1923년 칭다오에 왔던 캉유웨이가 이곳에 머물렀는데 마음에 들어서 이듬해에 매입했다고 한다. 원래 마구간이 있던 자리에 2층짜리 건물을 새로 짓고 1927년까지 살았다. 지금의 건물은 옛 집을 허물고, 옛 사진을 참고해서 새로 지은 것이다. 현재는 캉유웨이 기념관으로 꾸며져 있다. 1층은 캉유웨이의 일생을 소개한 전시관인데, 구시가지를 파노라마로 찍은 3장의 사진이 가장 흥미롭다. 1898년에 찍은 흑백 사진을 필두로 100년 동안 구시가지가 변화해 온 모습이 한눈에 들어온

다. 2층에는 캉유웨이의 서예 작품을 전시해 놓았다. 고택이 자리한 골목은 중국 문화계의 유명 인사들이 살았던 주택이 여러 채 보존되어 있으니, 관심 있으면 골목을 산책해 보자.

> **TIP** 캉유웨이는 1898년 무술년에 청나라의 광서제와 함께 변법자강(=무술변법) 운동을 주도했던 사상가다. 그가 노년에 사랑했던 도시가 바로 칭다오다. 칭다오 관광 홍보에 자주 등장하는 "칭다오의 붉은 기와와 푸른 나무, 파란 하늘과 쪽빛 바다는 중국 제일이다(青岛之红瓦绿树, 蓝天碧海, 为中国第一)."가 바로 그가 남긴 문장이다.

봄에는 벚꽃, 가을에는 국화꽃 축제 개최

중산 공원 中山公园 [쭝산 꿍위엔]

주소 青岛市 市南区 文登路 28号 **위치 ❶** 26, 31, 219, 214, 223, 228, 231, 304, 312, 316번 버스 타고 쭝산꿍위엔(中山公园) 정류장 하차 **❷** 지하철 3호선 쭝산꿍위엔(中山公园)역 B 출구에서 도보 5분 **시간** 7:00~18:00 **요금** 무료

평소 시민들이 즐겨 찾는 공원이다. 태평산太平山 [타이핑산]이 공원의 삼면을 에워싸고, 남쪽으로는 바다와 이웃해 있다. 원래 이곳은 1900년대 초 독일의 식물 실험장이었다. 독일은 세계 각국에서 들어온 170여 종의 꽃과 나무, 총 23만여 그루를 이곳에 심고 관찰했다. 그중에는 일본에서 들어온 벚꽃나무 2만여 그루가 있는데, 1914년 일본이 칭다오를 점령한 후에 벚꽃나무를 더욱 집중적으로 심었다. 중국이 칭다오의 주권을 회복한 뒤 공원으로 문을 열었다. 과거 독일과 일본이 심어 놓은 나무들이 고목으로 성장해서 현지인들이 산책 삼아 이곳을 즐겨 찾는다. 매년 봄과 가을에는 여행자들에게도 중산 공원이 인기 만점이다. 4월 중순부터 말까지 벚꽃 축제, 10월 말에서 11월 초순까지 국화 축제가 성대하게 열리기 때문이다. 이 시기에 칭다오를 여행한다면 중산 공원을 꼭 방문하자. 꽃이 만발한 공원이 무척 예쁘다. 공원에는 떡볶이, 옥수수, 다코야키 등을 파는 큰 매점이 있고, 칭다오 전망대가 있는 태평산 정상까지 케이블카를 운행한다.

산책과 웨딩 촬영의 명소
팔대관 八大关 [빠따꽌]

주소 青岛市 市南区 汇泉角东部 **위치 ❶** 26, 31, 202, 223, 228, 231, 312, 321번 버스 타고 우성꽌루(武胜 关路) 정류장 하차 후 즈징꽌루(紫荆关路) 표지판을 따라 팔대관 산책 ❷ 지하철 3호선 쭝산꽁위엔(中山公园)역 C 출구에서 도보 5분 **시간** 24시간 **요금** 무료

팔대관은 칭다오를 대표하는 산책 명소다. 총 150만m² 부지에 만리장성의 주요 관문关门[꽌먼]에서 이름을 따온 10개의 도로가 교차한다. 원래는 8개의 도로가 교차해서 팔대관이었는데, 나중에 2개가 추가되었다. 각 도로마다 서로 다른 품종의 나무를 심어서 계절의 변화를 뚜렷하게 느낄 수 있다는 점이 팔대관의 가장 큰 매력이다. 이곳은 또 러시아, 영국, 프랑스, 독일, 덴마크 등 20개 나라의 건축물이 모여 있어서 '만국건축 박물관'이란 별칭이 붙었다. 대부분이 1920~1930년대 지은 주택 또는 별장으로, 소유주는 정부 고위 관료나 외국에서 파견돼 온 고위 공무원이었다고 한다. 그들은 자신의 지위를 과시하고자 경쟁적으로 저명한 건축가를 초빙하여 100평이 넘는 주택을 지었다. 디자인이 제각기 달라서 구경하는 재미가 있다. 팔대관을 구석구석 산책하고 싶다면 다음 소개한 도로의 순서대로 돌아보면 효율적이다. 산책 마니아라면, 팔대관 남쪽에 있는 제2 해수욕장에서 제3 해수욕장으로 산책을 이어가면 더욱 즐거울 것이다.

> **TIP** 팔대관에 있는 건축물 중에 영빈관과 공주루를 제외하고, 그 밖의 건축물은 내부를 관람할 수 없다. 1949년 중화 인민 공화국이 성립된 후에 이곳의 주요 건축물은 국가에 귀속되었다. 그중 상당수는 국가 요양소로 지정되어 국내외 인사들을 맞이하고 있다. 그 밖에 건물들은 개인 주택이거나 사무 기구여서 일반인에게 개방하지 않는다.

즈징꽌루 紫荆关路

사계절 내내 푸른 거리다. 히말라야 삼나무가 아름드리 자라 있어 거리가 웅장한 느낌으로 다가온다. 즈징꽌루를 따라 끝까지 걸으면 팔대관에서 가장 유명한 건축물인 화석루가 있다.

주소 青岛市 市南区 黄
海路18号 시간 8:00 ~
18:00 요금 8.5元

화석루 花石楼 [화스러우]

1930년에 러시아 귀족이 개인 별장으로 지었다. 입장료를
내면 실내를 볼 수 있다. 외벽 전체는 화강암과 여러 가
지 돌로 장식되어 아주 견고해 보인다. 건물은 5층으
로 설계한 원형 부분과 4층으로 설계한 다각형 부분으
로 나뉜다. 맨 위층의 테라스가 화석루에서 가장 특별
하다. 테라스에서 제2 해수욕장을 한눈에 볼 수 있다. 화
석루는 한때 영국 영사관으로 사용되었고, 중화민국 시절에는 국민당
의 고위 관료들이 사용했다. 장제스蒋介石가 머물러서 장제스 공관蒋介
石公馆이라고도 한다.

샨하이꽌루 山海关路

팔대관의 최남단에 제2 해수욕장을 에워싸
고 건설된 도로가 샨하이꽌루다. 팔대관에서
이국적인 주택과 별장이 가장 많은 구역으로
꼽힌다. 뒤로는 나무가 가득한 팔대관이 펼
쳐지고, 앞에는 제2 해수욕장이 펼쳐져 주택
입지로는 명당이 아니었을까 싶다. 화석루에
서 샨하이꽌루를 따라 걸으면 주택 옆에 붙
은 주소의 번지수가 점점 높아진다. 과거 덩
샤오핑이 머물렀던 샨하이꽌루 5호山海关路
5号, 미국 제7 해군 사령관의 관저였던 샨하
이꽌루 9호山海关路9号, 산동성 주석의 별장
이었던 샨하이꽌루 13호山海关路13号가 차례
로 이어진다. 가장 유명한 건물은 샨하이꽌

루 17호山海关路17号이고, 다른 이름으로 원
수루元帅楼 [위엔슈아이러우]라고 부른다. 중국
군대의 최고 사령관인 원수元帅 5명이 이곳
에 머물렀던 데서 이름이 붙여졌다. 원수루
의 맞은편에는 제2 해수욕장을 한눈에 내려
다볼 수 있는 전망 포인트가 있다.

쥐용꽌루 居庸关路

가을에 팔대관에서 가장 아름
다운 길이다. 우람하게 자란
은행나무가 도로를 따라 이어
진다. 가을 주말이면 단풍 구
경을 나온 시민들로 북적인다. 이
거리에서 가장 멋진 건물은 공주루公主楼다.
공주루 앞이 웨딩 촬영의 명소라서 힘들게
찾지 않아도 걷다 보면 바로 알 수 있다.

주소 青岛市 市南区 居庸
关路 10号 시간 9:00~
18:00 요금 15元

공주루 公主楼 [꽁주러우]

1930년대 덴마크의 주 칭다오 총영사가 덴마크 공주를
위해 지었다. 그래서 이름도 공주루다. 동화에서 튀
어나온 듯한 낭만적인 외관 덕분에 팔대관에서 웨
딩 촬영 명소로 통한다. 2015년부터 입장료를 받
고 내부를 공개하기 시작했다. 특별한 볼거리는 없
지만 정원에 들어서면 어린 시절의 추억이 떠오른
다. 덴마크의 동화작가 안데르센이 지은 《엄지 공주》,
《벌거벗은 임금님》, 《성냥팔이 소녀》, 《인어공주》 등의 주인공을 동상
과 벽화로 만들어 놓았다.

쩡양꽌루 正阳关路

팔대관 중앙에 동·서로 길게 뻗은 쩡양꽌루
는, 팔대관을 남과 북으로 가르는 분계선 역
할을 한다. 여름이면 백일홍이 만개하여 거
리 전체를 붉게 물들인다. 다른 도로에 비해
차가 많고 빨리 달려서 걷기 좋은 길은 아니
다. 쩡양꽌루의 중심에는 400여 종의 식물
이 자라고 있는 화원이 있다.

자위꽌루 嘉峪关路

단풍나무가 늘어선 자위꽌루는 가
을에 아름답기로 유명하다. 그
러나 실제로는 단풍이 곱게 물
들지 않아서 명성만큼 아름답지
는 않다. 거리를 따라 저명한 인사
들이 살았던 주택이 이어지는데, 담장
이 얕아서 정원과 주택이 비교적 잘 보인다.
러시아인이 설계한 자위꽌루 4호嘉峪关路4
号, 미국 주 칭다오 총영사관의 부영사 주택
이었던 자위꽌루 6호嘉峪关路6号, 일본의 칭

다오 화북 담배 주식회사 사장의 주택이었던
자위꽌루 7호嘉峪关路7号가 볼만하다.

아담하지만 수질 좋은 해수욕장

제2 해수욕장 第二海水浴场 [띠얼 하이쉐이위창]

주소 青岛市 市南区 山海关路 6号 위치 ❶ 26, 31, 202, 223, 228, 231, 312, 321번 버스 타고 우성꽌루(武胜关路) 정류장 하차 후 즈징꽌루(紫荆关路) 따라 도보 5분 ❷ 지하철 3호선 쫑산꽁위엔(中山公园)역 C 출구에서 도보 12분 시간 24시간 요금 무료(7월 1일~9월 25일 2元)

팔대관 남단에 위치한 제2 해수욕장은 시내의 5개 해수욕장 중에서 수질이 가장 좋다고 알려졌다. 실제로 물결이 잔잔하고 백사장의 모래가 고와서 해수욕을 즐기기에 좋다. 규모가 아담해서 해수욕장 전체에 상어가 들어오지 못하도록 그물망도 꼼꼼하게 쳐 놨다. 백사장 북쪽에는 아담한 공원을 조성하고 나무를 가득 심어 놓아서 일광욕을 즐기기에도 적당하다. 이곳은 칭다오가 독일의 조차지였던 시기에 외국인 전용 해수욕장으로 조성되었다. 1949년 중국이 성립된 이후에도 줄곧 고위층 전용 해수욕장으로 사용되었고, 마오쩌둥, 덩샤오핑, 시아누크빌 등이 이곳에서 해수욕을 즐겼다고 한다. 1980년대 들어서

면서 일반인도 자유롭게 해수욕장을 이용할 수 있게 되었다. 칭다오의 모든 해수욕장이 무료인데 반해, 제2 해수욕장은 매년 7월 1일부터 9월 25일까지 입장료 2元을 받는다. 이 기간에는 9시부터 17시 30분까지 안전요원이 근무한다.

아기자기하게 예쁜 공원

태평각 공원 太平角公园 [타이핑지아오 꽁위엔]

주소 青岛市 市南区 湛山五路 1号 위치 ❶ 26, 31, 201, 228, 233, 304, 311, 316번 버스 타고 이랴오(一疗) 정류장 하차 후 도보 5분 ❷ 지하철 3호선 타이핑지아오꽁위엔(太平角公园)역 B 출구에서 도보 5분 시간 24시간 요금 무료

칭다오에서 가장 아름다운 해안선으로 꼽히는 태평만太平湾[타이핑완] 동쪽에 위치했다. 태평각太平角은 제1차 세계대전에서 패한 독일이 물러간 뒤 칭다오가 다시 중국 품으로 돌아온 것을 기념하며 '오래도록 태평하라'는 염원을 담아 지은 이름이다. 하지만 그 소망이 무색하게 오래지 않아 일본이 칭다오를 점령하는 아픔을 겪었다. 이곳을 방문하는 여행자는 대부분 제2 해수욕장에서 제3 해수욕장 방면으로 놓인 해변 산책로를 따라 걷다가 잠시 들른다. 청초하게 푸르른 잔디와 나무들에 이끌려 공원으로 들어오면 작은

연못과 굽이진 산책로가 펼쳐진다. 공원의 조경이 아름답고, 중간중간에 벤치를 설치해 두어서 잠시 쉬어가기 좋다. 아침 일찍 방문하면 조깅하는 시민들을 볼 수 있고, 낮에는 웨딩 촬영을 하는 예비부부들로 북적인다.

유럽식 별장을 리모델링한 독일 정통 레스토랑

블랙 포레스트

BLACK FOREST 德国黑森林音乐餐厅 [더궈 헤이썬린 인위에 찬팅]

주소 青岛市 市南区 太平角一路17号 **위치 ❶** 제2 해수욕장에서 제3 해수욕장 방면으로 해변 산책로 따라 도보 15~20분 **❷** 태평각 공원에서 제3 해수욕장 방면으로 해변 산책로 따라 도보 5분 **시간** 11:00~21:00 **가격** 200元~(2인 기준) **전화** 0532-8386-3663

1919년에 지어진 유럽식 별장을 레스토랑으로 꾸몄다. 독일에서 온 셰프가 직접 요리하는 독일 음식을 맛볼 수 있어 외국인들에게 인기다. 칭다오 맥주와 어울리는 독일식 모둠 수제 소시지 스진샹핀판什锦香肠拼盘, 독일식 족발 추웨이카오 쭈저우脆烤猪肘가 최고 인기 메뉴다. 식후 디저트로는 검은 숲을 연상시키는 초코 체리 케이크黑森林樱桃蛋糕가 시그니처 메뉴다. 메뉴판에 사진은 없지만 영어가 적혀 있어서 주문은 어렵지 않다. 유럽풍 건축물이 즐비한 팔대관을 돌아본 후 제3 해수욕장 방향으로 산책을 이어갈 때 식사하기 좋은 위치다.

백사장에서 신시가지 빌딩 숲이 한눈에

제3 해수욕장 第三海水浴场 [띠싼 하이쉐이위창]

주소 青岛市 市南区 湛山 5路 3号 위치 ❶ 26, 31, 202, 231, 233, 304, 312, 321번 버스 타고 얼랴오(二疗) 정류장 하차 후 짠산이루(湛山一路) 2-20 표지판을 따라 도보 2분 후 타이핑지아오쓰루(大平角四路) 표지판을 따라 끝까지 도보 2분 ❷ 468번 버스 타고 띠싼 하이쉐이위창(第三海水浴场) 정류장 하차 후 도보 3분 시간 24시간 요금 무료

제3 해수욕장은 바다를 배경으로 펼쳐진 풍경이 매혹적인 해수욕장이다. 백사장에서 바다를 바라보면 서쪽으로는 구시가지의 붉은 지붕들이, 동쪽으로는 신시가지의 고층 빌딩들이 한눈에 들어온다. 특히 화창한 날 신시가지의 빌딩 숲과 바다가 어우러진 풍경이 아름답다. 하지만 흐린 날에는 감동이 맑은 날의 절반 이하로 줄어든다. 이곳은 바닷물이 아주 파랗고, 백사장의 모래가 짙은 금빛을 띤다. 수질이 좋은 해수욕장이지만, 매년 6월에는 다른 해수욕장과 달리 파래가 많이 생긴다. 또 수심이 갑자기 깊어지기 때문에, 어린아이들이 수영할 때는 어른들이 유심히 지켜봐야 한다.

해안 산책로의 하이라이트
제2 해수욕장에서 제3 해수욕장까지 쉬엄쉬엄 걷기

칭다오시가 해안선을 따라 조성한 36.9km 산책로를 '빈해 보행도滨海步行道[삔하이 뿌싱따오]'라고 부른다. 잔교가 있는 서쪽 구시가지에서 동쪽 석노인 해수욕장까지, 굽이치는 해안선을 따라 산책로가 이어진다. 그중 제2 해수욕장에서 제3 해수욕장까지 구간이 가장 아름답다. 4월 말에서 11월 초 사이 칭다오에 간다면 꼭 걸어 보기를 추천한다. 2km 남짓한 산책로를 걸으면서 태평만太平湾[타이핑완]의 해안을 감상할 수 있다. 기암괴석이 가득한 해안가, 아기자기한 태평각 공원, 여러 카페가 이어지고, 제3 해수욕장이 대미를 장식한다. 출발은 제2 해수욕장 또는 팔대관의 화석루에서 한다. 화석루에서 바다를 바라보고 왼편의 산책로를 따라 걸으면서, 기암괴석을 감상하고 20분쯤 걸으면 태평각 공원이 나온다. 공원 벤치에 앉아 경치를 감상하며 잠시 쉬다가 태평각 공원을 나와 다

시 산책로를 따라 걸으면 머지않아 블랙 포레스트德国黑森林音乐餐厅[더궈 헤이썬린 인위에 찬팅]라는 레스토랑이 나온다. 독일 정통 레스토랑으로 유명하다.

식당 근처 해안의 기암괴석에는 웨딩 촬영하는 예비부부들이 바글바글한 진풍경이 펼쳐진다. 계속해서 타이핑지아오 1루太平角 1路를 따라 걷다가 짠샨5루湛山 5路 표지판이 나타나면, 꺾어져 걷는다. 짠샨 5루가 타이핑지아오 3루太平角 3路와 만나는 지점에서 제3 해수욕장이 영화의 한 장면처럼 펼쳐진다. 이 루트를 따라 걸으려면 2시간이 필요하다. 빨리 걸으면 1시간에도 완주할 수 있지만, 쉬엄쉬엄 풍경을 즐기다 보면 어느새 시간이 훌쩍 지나 있을 것이다.

한 폭의 그림 같은 전망을 제공하는 카페

독애 커피 独崖咖啡 [두야 카페이]

주소 青岛市 市南区 湛山五路3号 军事管理区内 **위치 ①** 26, 31, 202, 231, 233, 304, 312, 321번 버스 타고 얼라오(二疗) 정류장 하차 후 짠산이루(湛山一路) 2-20 표지판 따라 걷다가 타이핑지아오쓰루(太平角四路) 표지판 따라 끝까지 도보 6분 **②** 468번 버스 타고 띠싼하이쉐이위창(第三海水浴场) 정류장 하차 후 도보 5분 **시간** 10:00~24:00 **가격** 50元~(1인기준) **전화** 0532-8899-5678

찾아가기가 어려운 카페지만 테라스에서 바라보는 제3 해수욕장과 고층 빌딩이 즐비한 신시가지의 풍경이 그 보상을 해준다. 특히 하늘이 화창한 날 한 폭의 명작 그림을 보는 것처럼 눈부시게 아름답다. 카페 규모는 매우 작고, 커피와 음료 가격은 40元 이상으로 비싼 편이다. 커피 외에 과일 차, 수제 케이크가 인기다. 가능하면 카페에 직접 전화를 걸어서 길을 안내받도록 하자. 카페가 군사 구역 안에 입점해 있어 방문 시 간단한 신분증 검사를 한다.

한가로움이 좋은 불교 사원

잠산사 湛山寺 [짠샨쓰]

주소 青岛市 市南区 芝泉路 2号 **위치** 370, 604번 버스 타고 짠산쓰(湛山寺) 정류장 하차 **시간** 8:00~17:00 **요금** 5元

태평산太平山[타이핑산] 산 기슭에 자리한 잠산사는 고즈넉한 불교 사원이다. 현지인들의 신앙생활을 가까이서 보고 싶거나 호젓한 시간을 갖고 싶다면 방문해 보자. 뜰에는 소나무들이 우람하게 자라 그늘을 드리우고, 새들이 지저귀는 소리가 듣기 좋다. 정문을 통해 들어서면 천왕전天王殿[티엔왕띠엔], 대웅보전大雄宝殿[따시옹바오띠엔], 삼성전三圣殿[싼셩띠엔]이 웅장하게 이어진다. 특히 관음전观音殿[꽌인띠엔]에 비취로 만든 불상이 아름답다. 잠산사의 역사는 그리 길지 않다.

1945년에 완공되었고, 사원이 완공된 뒤 저명한 승려가 주지로 오면서 잠산사의 입지가 높아졌다. 매년 섣달 그믐날과 정월이면 새해 소원을 빌러 오는 현지인들로 발 디딜 틈이 없다고 한다.

> **TIP** 사원 후문 바깥에 있는 약사탑药师塔[야오스타]도 빼놓지 말고 방문하자. 아트막한 언덕에 8각 보탑인 약사탑이 서 있고, 탑 뒤에 있는 정자에 오르면 잠산사가 한눈에 들어온다. 잠산사의 뒤로 칭다오 타워青岛塔와 태평산太平山이 훤히 보이고, 신시가지와 5·4 광장 방향으로 바다도 보인다. 단, 정자에 비둘기가 많이 날아와 조금 지저분하다.

깔끔한 국물이 좋은 칭다오식 수제비

여씨 흘탑탕 呂氏疙瘩汤 [뤼스 꺼다탕]

주소 青岛市 市南区 东海一路 21号 **위치** 206, 370, 604번 버스 타고 웨양루(岳阳路) 정류장 하차 후 도보 1분
시간 10:30~21:30 **가격** 150元~(2인기준) **전화** 0532-8386-7281

뤼스 꺼다탕을 해석하면 '뤼
씨네 수제비'란 뜻이다. 중
국식 수제비를 파는 곳으
로, 1998년에 칭다오의 개
인 주택에서 조그맣게 시작
했던 식당이 지금은 베이징에
도 체인을 운영한다. 이곳이 본점이며, 불교
사원인 잠산사에서 가깝다. 아파트 1층을 식
당으로 개조해서 실내로 들어가면 공간이
여러 개로 나뉘어 있다. 주문은 테이블에서
메뉴판을 보고 하는 것이 아니라, 중앙홀로
이동해서 진열된 야채와 수족관의 활어와
조개류, 칠판에 적힌 메뉴를 보고 한다. 주문
방식이 다소 어렵게 느껴진다면, 추천 메뉴
중에서 원하는 음식을 손가락으로 가리켜
주문해도 된다. 꺼다탕疙瘩汤은 2~3명이 나
눠 먹을 수 있을 만큼 양이 많다. 우리나라 수
제비처럼 반죽을 뚝뚝 떼 넣어 끓인 것도 있
고, 반죽을 밥알처럼 작게 썰어 넣은 것도 있
다. 탕이 스프처럼 걸쭉해서 느끼할 것 같지
만 의외로 개운하다. 2명이라면 꺼다탕 중 1
가지를 선택하고, 요리는 1~2가지만 주문
해야 남기지 않고 다 먹을 수 있다.

추천 메뉴

싼시엔 꺼다탕 三鲜疙瘩汤	세 가지 해산물이 들어간 수제비
시엔쥔 꺼다탕 鲜菌疙瘩汤	신선한 버섯을 넣은 수제비
뤄보쓰샤런 꺼다탕 萝卜丝虾仁疙瘩汤	채 썬 무와 새우를 넣은 수제비
셔우쓰따터우차이 手撕大头菜	양배추, 새우, 목이버섯 등을 간장 소스에 볶은 요리
자샤런 炸虾仁	새우살을 밀가루에 묻힌 뒤 계란에 담갔다가 튀긴 요리
뤼쟈넌떠우푸 吕家嫩豆腐	순두부에 간장 소스, 새우와 땅콩 등의 토핑을 얹은 요리
라오깐마삐엔여우 위 老干妈编鱿鱼	오징어, 마늘종, 말린 고추, 간장 볶은 요리

대전해·증기해선 大钱海·蒸汽海鲜 [따치엔하이·쩡치하이시엔]

주소 青岛市 市南区 延安三路135号4层 **위치** ❶ 26, 202, 225, 232, 316번 버스 타고 짠산(湛山) 정류장 하차 후 아리바(ARIVA) 호텔 방면으로 도보 5~7분 ❷ 지하철 3호선 옌안싼루(延安三路)역 B 출구에서 횡단보도 건너 도보 3분 **시간** 11:00~14:30, 17:30~21:00 **가격** 200元~(2인 기준) **전화** 0532-8093-1537

현지인들이 추천하는 해물찜 전문점이다. 가성비 좋게 2인 세트, 4인 세트, 6인 세트 등 세트 메뉴를 구성해 놓았으며 주문도 어렵지 않다. 세트 메뉴를 주문하면 굴海蛎子, 맛조개毛蚶, 고둥小海螺, 가리비扇贝, 새우海捕虾, 바지락红岛蛤蜊, 갯가재皮皮虾 등이 포함되고, 더 원하는 해물이나 재료를 추가할 수 있다. 물론 찜 재료 추가 요금은 별도이고, 옥수수玉米와 팽이버섯金针菇이 해물과 잘 어울린다. 그밖에 요리들은 진열되어 있는 모습을 확인하고 손가락으로 가리켜 주문하면 된다.

QINGDAO

현대적인 칭다오의 신시가지
5·4 광장 5·4 广场
일대

5·4 광장 일대는 쭝산루 일대의 구시가지와 구분해서 '신시가지'라고 부른다. 1994년 구시가지의 교오 총독부에 있던 시청을 이곳으로 이전하고 신시가지를 조성했다. 2008년 베이징 올림픽 요트 경기를 이 일대에서 개최하면서 관광지로도 급부상했다. 5·4 광장에서 올림픽 요트 센터를 지나 연인 제방으로 이어지는 해변 산책로 구간이 여행자들에게 선풍적인 인기다. 해 질 녘 산책로에서 바라보는 부산만浮山湾[푸산완]의 깊고 푸른 바다, 신시가지의 활기찬 풍경이 여행자의 가슴을 설레게 한다. 이곳은 식도락 여행을 즐기기에도 안성맞춤이다. 대형 쇼핑몰에는 중국 각 지방 음식을 맛볼 수 있는 레스토랑과 세계 각국의 음식 전문점이 대거 입점해 있다. 윈샤오루云霄路에서 민장루闽江路로 이어지는 미식 거리에도 맛집으로 소문난 식당이 많다.

타이핑각공원
太平角公园

중산공원
中山公园

중산공원
中山公园

류수산장
九水山庄

제3 해수욕장
第三海水浴场

조이라오훼이
石老人海水浴场

광저우 공항 센터
光之国际商务中心

선취완뤄
湛山寺

화하싼청
华夏三城

THE WESTIN
웨스틴 호텔
中欧青岛中心

양쯔 건신
良子健身

오렌지 호텔
Orange Hotel
海信立交桥

청다오 올림픽 요트 센터
青岛奥林匹克帆船中心

5·4광장
5·4广场

음악 광장
音乐广场

융이기 청두 유명 분식
荣誉记成都名小吃

하니밀 디저트
满龙大酒店

베이커 앤 스파이스
Baker&Spice
크리스피 식품점
满翠记食品店

선귀어우쥬
船歌鱼水饺

홀리데이 인 청다오 시티 센터
Holiday Inn Qingdao City Center
青岛中心假日酒店

우싱광창
五四广场

홈플러스
万象城

이 요스
万家灯火

금가지상 미반
JINJIANG INN
锦江之星

정구 배알 미반
京九湖焖排米饭

완쭤허룽 멍구 샹양투이
富婆足道
蒙古烤羊腿

자오싱리
江西路

훙챵위안
鸿翔苑

충싼솽도
深全水饺

85도C
85度C

선귀어우쥬
船歌鱼水饺

민장루 미식 거리
闽江二路咖啡茶艺街

85도C
85度C

키어 카페
Keer Café
哥门咖啡馆

85도C
85度C

엑스레인보우 커피
星光线咖啡

중국은행
中国银行

청다오 시 북 가든 호텔
Qingdao Sea Garden Hotel
青岛海景花园大酒店

이온
AEON

정제주점
全季酒店

중싼광
蒸鲜馆

스어춘
小鱼府

무쯔선위 위샹소우 미식루
浮山所
云霄路美食街

해저로
海底捞火锅

쿵푸 45도
北纬45°

오판치호텔
桔子酒店

해자로
海底捞火锅

Opithome Hotel
国敦大酒店

룽룬 호텔
全季酒店

자아 커피
哥门咖啡馆

세븐센스
7senses

치지차화찬
岐江花园

85도C
85度C

관상관역
高雄路

세븐센스
7senses

연인 제방
情人坝

올웨이즈 시티
Always
奥特斯新酒店

더티코인 시티
得地球花园
丽泰丰

마리나 시티
百丽广场
阳迪足道

코리다
Godiva

구정 호텔
阳迪足道

고디바
Godiva

청다오 올림픽 요트 센터
青岛奥林匹克帆船中心

주이라오 카피
长颈鹿主题咖啡

구정 소도
阳迪足道

시먼의원
市北医院

인터컨티넨탈 호텔
INTER CONTINENTAL

선귀어우쥬
船歌鱼水饺

올림픽 요트 센터
青岛奥林匹克帆船中心

올림픽 요트 박물관
奥帆博物馆

연인 공원
情人坝公园

청다오 시 부 가든 호텔
Qingdao Sea Garden Hotel
青岛海景花园大酒店

5·4 광장 일대 BEST COURSE

대중적인 코스

21세기 현대적인 칭다오를 만나는 코스로, 아침과 해 질 녘에 바라보는 도심과 바다 풍경이 아름답다. 음식점이 밀집해 있는 원샤오루 미식 거리에서 식도락 여행의 즐거움을 만끽하자.

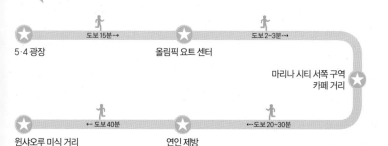

도심 속 한가로운 쉼터
음악 광장 音乐广场 [인위에 광창]

주소 青岛市 市南区 澳门路 12号 **위치 ❶** 5·4 광장에서 올림픽 요트 경기장 반대 방향으로 해변 산책로 따라 도보 5분 **❷** 25, 26, 31, 225, 228, 231, 232, 312번 버스 타고 스마오쭝신(世贸中心) 정류장 하차 후 바다 방향으로 도보 15분 **시간** 24시간 **요금** 무료

음악 광장은 현지인들의 일상이 묻어나서 좋다. 바다에 낚싯대를 드리운 할아버지, 가족이 함께 자전거를 타는 광경을 흔히 볼 수 있다. 이름에 걸맞게 광장 곳곳에 세계적인 음악가들의 동상을 설치해 놓았는데, 그중에서 나무 아래 두 손을 번쩍 들고 서 있는 청년 동상이 특별하다. 바로 중국 국가인 〈의용군행진곡义勇军进行曲〉을 작곡한 녜얼(聂耳, 1912~1935)이다. 음악 광장에 이웃한 5·4 광장까지는 걸어서 5분이고, 도심 속 푸른 바다를 한가롭게 감상하고 싶다면 반대 방향으로 제3 해수욕장까지 걷기를 추천한다.

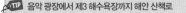

> **TIP** 음악 광장에서 제3 해수욕장까지 해안 산책로
>
>
>
> 방파제 아래에 놓인 산책로를 걸으면 깊고 푸른 바다를 가까이서 볼 수 있다. 이따금 파도가 방파제 위까지 올라오기도 하니 주의하자. 파도가 거친 날에는 반드시 방파제 위쪽의 산책로를 이용하자. 음악 광장에서 제3 해수욕장까지는 2km 떨어져 있고, 사진을 찍으면서 천천히 걸으면 40~50분 걸린다.

1층 마트가 훌륭한 쇼핑몰

중철 칭다오 센터　中铁青岛中心 [쫑티에 칭다오 쫑신]

주소 青岛市 市南区 香港中路 8号　**위치** ❶ 25, 26, 31, 225, 228, 231, 232, 312번 버스 타고 스마오쭝신(世贸中心) 정류장 하차 ❷ 지하철 3호선 우쓰광창(五四广场)역 D 출구에서 도보 2분　**시간** 10:00~22:00　**전화** 0532-6777-1577

음악 광장에서 가까운 대형 쇼핑몰이다. 총 3동의 건물이 늘어서 있는데, A동과 B동의 높이는 237.7m, C동은 188.8m로, 칭다오에서 가장 높은 건물로 꼽힌다. 그중 두 동의 건물이 서로 연결돼 1층부터 4층까지 쇼핑몰이고, 의류 매장, 레스토랑, 카페, 마트 등이 입점해 있다. 1층에 있는 맥스 밸류(Max Valu, 美思佰乐) 마트는 여행자들이 좋아하는 품목을 두루 갖추었다. 훠궈火锅와 마라샹궈麻辣香锅 재료, 펑리수凤梨酥를 포함한 고급 쿠키, 다양한 종류의 중국 전통술, 칭다오 맥주가 깔끔하게 진열되어 있다. 현지인들에게는 3층에 있는 저장浙江과 상하이 요리 전문점인 로로주가鹭鹭酒家[루루지우쟈], 퓨전 일식점인 라키(Raki), 4층의 생선살로 면발을 만드는 우자찬청牛仔餐厅[니우쟈이찬팅] 레스토랑이 인기가 높다.

 TIP 간단한 한 끼 식사를 원한다면 주목

맥스 밸류 마트의 즉석 코너에서 파는 마라탕麻辣烫이 맛있다. 마라탕은 맵고 얼얼한 쓰촨의 훠궈 미니 버전이다. 바구니에 진열된 재료들 가운데 원하는 것을 골라 담은 후 직원에게 건네면 지불할 가격을 알려 준다. 직원이 조리한 음식을 용기에 담아 주면 마트 계산대로 가서 가격을 지불하면 된다. 1회용 젓가락이 필요하면 계산대에서 별도로 구입해야 하는데, 중국어로 '워 야오 이츠싱 콰이즈我要一次性筷子'라고 말하면 된다. 식사는 계산대 앞쪽에 마련된 테이블에 앉아서 하면 된다. 환경이 깨끗하고 잔잔한 음악이 흘러서 식사하기 좋다. 단, 점심시간에는 직장인들이 테이블을 점령하니, 한가롭게 먹으려면 오후 12시~1시 30분은 피하자.

한국 사람도 좋아하는 훠궈 전문점

해저로 海底捞火锅 [하이디라오]

주소 青岛市 市南区 香港中路31号 银座中心6楼 **위치** ❶ 지하철 2호선 푸산쒀(浮山所)역 C1 출구 ❷ 31, 104,
110, 224, 225, 304, 314번 버스 타고 푸산쒀(浮山所) 정류장 하차 후 도보 7분 **시간** 10:30~다음 날 7:30
가격 200元~(2인 기준) **전화** 0532-6695-1866

해저로는 중국인은 물론이고 한국인도 가장
좋아하는 훠궈 체인점이다. 저녁 시간에는
대기표를 받고 기다리는 경우도 있다. 주문
은 아이패드를 보면서 하는데, 어려우면 직
원에게 도움을 요청하자. 친절하게 하나하
나 설명해 준다. 모든 재료는 1인분의 절반

에 해당하는 반인분半份[빤펀]도 판매한다. 골
고루 맛보 싶다면 인원이 4명 이하일 때는 야
채와 버섯류는 반인분씩 주문할 것을 추천한
다. 소스와 과일은 뷔페식으로 진열해 놓고,
1인당 이용료를 별도로 받는다.

한국인 입맛에 맞는 동북요리 전문점

북위45도 北纬45° [베이웨이 스스우두]

주소 青岛市 市南区 香港中路31号 银座中心6楼 **위치 ❶** 지하철 2호선 푸산쒀(浮山所)역 C1 출구 **❷** 31, 104, 110, 224, 225, 304, 314번 버스 타고 푸산쒀(浮山所) 정류장 하차 후 도보 7분 **시간** 10:00~21:00 **가격** 100元~(2인 기준) **전화** 0532-8593-8888

중국요리 가운데 한국인 입맛에 잘 맞는 동북요리 전문점이다. 메뉴판에 사진이 있어 주문도 아주 쉽다. 달콤한 소스와 바삭한 돼지고기 튀김 맛이 일품인 궈바러우鍋包肉, 양장피와 닮은 새콤달콤한 면 무침 동베이따라피东北大拉皮, 향신료 커민을 뿌려 구운 갈비 쯔란따파이孜然大排가 시그니처 메뉴다. 가성비가 좋아서 여러 요리를 주문해도 부담이 적다.

칭다오에서 가장 큰 쇼핑몰
더 믹스 the mixc 万象城 [완상청]

주소 青岛市 市南区 山东路 10号 **위치 ❶** 26, 31, 225, 228, 231, 232, 304, 312, 314, 316, 321번 버스 타고 스쩽푸(市政府) 정류장 하차 후 샹그릴라(香格里拉) 호텔 방향으로 도보 5분 **❷** 223, 224, 374, 605번 버스 타고 완상청(万象城) 정류장 하차 **❸** 지하철 3호선 우쓰광장(五四广场)역 A1 출구에서 도보 5분 **시간** 10:00~22:00 **전화** 0532-5566-7666

샹그릴라 호텔 방면으로 어마어마하게 큰 주황색 건물이 더 믹스다. 화룬华润[화룬] 기업이 중국의 대도시에 체인을 늘려 가고 있는 더 믹스 중에서도 이곳의 규모가 전국에서 가장 크다. 총면적은 60만m², 그중 건축 면적이 45만m², 지하 2층과 지상 5층으로 이뤄진 쇼핑몰로 2015년 4월에 문을 열었다. 현재 팍슨(PARKSON) 백화점을 포함해 레스토랑 60여 개, 다수의 카페, 70여 개의 의류 매장, CGV 영화관, 게임 레저 시설인 조이폴리스 (JOY POLIS), 아이스링크, 올레(Ole) 마트 등이 입점해 있다. 아직 모든 매장이 오픈한 것은 아니지만, 안으로 들어서는 순간 규모에 압도된다. 보통 여행자는 쇼핑보다는 식사를 하려고 이곳을 방문한다. 지하의 올레 마트는 진열해 놓은 상품의 85%가 수입품

이다. 일본과 한국 식품이 가장 많고, 전체적으로 가격이 비싸다.

주소 青岛市 市南区
山东路 6号 万象城
(더 믹스) B2F B240
위치 더 믹스 참조
시간 10:30~22:00
가격 30元~(1인 기준)
전화 0532-5576-
8625

용이기 청두 유명 분식
蓉李记成都名小吃 [롱리지 청두 밍샤오츠]

청두成都의 분식은 역사가
60~100년에 이를 정도로
중국인들에게 큰 사랑을 받
고 있다. 이곳에서도 청두의
분식 맛을 그대로 즐길 수 있
으니, 그 맛을 좋아하거나 궁
금하다면 방문해 보자. 쓰촨
음식 특유의 '얼얼하고 매운
맛'은 분식이라고 예외가 아
니다. 물론 매운맛을 눌러 주
는 달콤한 분식도 여러 가지

있다. 원하는 메뉴를 프런트
에서 주문하는 시스템이라

당혹스러울 수 있지만, 프런트 옆에 종이로 된 메뉴판이 있으니 말로
주문하기 어려우면 종이를 가져다가 원하는 메뉴 옆에 연필로 체크해
서 직원에게 주면 된다. 모든 메뉴에 사진이 첨부돼 있고, 매운 정도를
고추의 개수로 표시해 놓았다. 돈을 지불하고 테이블에 앉아 있으면
직원이 주문한 메뉴를 가져다준다. 2명이면 분식 2~3가지와 국수(만
둣국과 볶음밥도 있음)를 1인분씩 주문하면 배부르게 먹을 수 있다.

추천 메뉴

푸치페이피엔 夫妻肺片	돼지머리 고기와 허파 등을 매운 소스에 무친 요리	러샨뽀뽀지 乐山钵钵鸡	닭의 각종 부위와 야채를 넣은 차가운 훠궈
라오청두 쏸라펀 老成都酸辣粉	맵고 새콤한 당면 국수	롱리지 딴딴미엔 蓉李记担担面	쓰촨식 비빔 국수
위엔탕 룽차오서우 原汤龙抄手	닭과 돼지 뼈 우린 육수에 끓인 만둣국	쏸탕 쉐이지아오 酸汤水饺	맵고 새콤한 탕에 끓인 만둣국

주소 青島市 市南区
山东路 6号 万象城
(더 믹스) G138-75
위치 더 믹스 참조
시간 8:00~22:00(월
~목), 8:00~22:30(금
~일) 가격 30元~(1
인 기준) 전화 0532-
5557-5738

베이커 앤 스파이스 Baker & Spice

상하이의 와가스(Wagas)에서 운영하는 카페 겸 레스토랑인데, 베이커리가 맛있기로 유명하다. 더 믹스가 개장하면서 칭다오에도 첫 체인점이 문을 열었다. 벌써 입소문을 타고 현지인 20~30대에게 큰 사랑을 받고 있다. 당근 케이크와 샌드위치, 파스타와 수제 피자가 대표 메뉴다. 메뉴판에 영어 설명이 있고, 대표 메뉴는 사진도 첨부돼 있다. 커피나 생과일주스만 주문해서 마셔도 된다.

주소 青島市 市南区
山东路 6号 万象城
(더 믹스) 4F L452
위치 더 믹스 참조
시간 10:00~22:00
가격 100元~(2인 기준)
전화 0532-5557-
5381

크리스탈 제이드

CRYSTAL JADE 翡翠小厨 [페이추이샤오추]

다양한 딤섬과 광동 요리, 죽, 면, 볶음밥 등을 판매한다. 딤섬을 골고루 맛보려면 이곳보다는 올림픽 요트 센터에서 가까운 딘타이펑을 추천하고, 맵지 않은 중국 음식을 먹고 싶다면 이곳도 괜찮은 선택이다. 인원이 2명이면 딤섬 1~2가지와 죽이나 면 또는 볶음밥을 주문하면 양이 적당하다. 참고로 볶음밥은 양이 많아서 성인 2명이 나눠 먹어도 된다. 딤섬 중에는 육즙이 맛있는 상하이 샤오롱빠오 上海小笼包(32元), 투명하고 쫄깃한 만두피로 새우살을 감싼 쉐이징샤지아오황 水晶虾饺皇(28元), 부드러운 쌀가루 피로 부추와 새우살을 돌돌 감싼 지우황시엔샤창 韭黄鲜虾肠(27元)이 맛있다. 메뉴판에 사진과 영어 설명이 있어서 주문이 쉽다.

주소 青岛市 市南区
山东路 6号 万象城
(더 믹스) 5F 536A
위치 더 믹스 참조
시간 10:00~21:30
가격 10元~(1인 기준)
전화 188-6628-
0900

흑룡차 黑龙茶 [헤이룽차]

중국어로 '쩐주나이차珍珠奶茶'라
고 부르는 버블티는 중국 전역에서
인기다. 그러나 다양한 버블티 브
랜드가 성업 중인 중국의 여타 도시
들과 달리 칭다오에는 버블티 전문
점이 그리 많지 않다. 추측컨대 칭
다오 맥주가 워낙 싸고 맛있는 데다
가 카페가 발달해서가 아닐까 싶다.
그래서 버블티를 좋아하는 사람들
에게 헤이룽차 간판이 유난히 반갑
다. 버블티를 주문하면 직원이 차가
운 것을 원하는지 뜨거운 것을 원하

는지 다시 한 번 묻는다. 차가운 것은 '삥冰', 뜨거운 것은 '러热'
라고 대답하면 된다. 다음으로 설탕의 농도를 어떻게 할지 묻
는다. 단맛을 좋아하지 않으면 '샤오티엔少甜'이라고 하고, 단맛을 좋
아하면 '빤티엔半甜'이라고 하면 된다. 버블티 외에 녹차인 뤼차绿茶와
홍차红茶도 맛있다. 아쉽게도 메뉴판은 중국어로만 적혀 있고, 대표적
인 몇 가지 메뉴만 사진이 있다.

주소 青岛市 市南区
山东路 6号 万象城
(더 믹스) B1F, B112
위치 더 믹스 참조
시간 10:00~21:30
가격 30元~(1인기준)

허니문 디저트

HONEYMOON DESSERT 满记甜品 [만지티엔핀]

망고를 포함한 열대 과일, 아이스크림, 타피오카, 검은 찹쌀을 넣어 다
양한 디저트를 만든다. 검은 찹쌀이 들어간 메뉴는 포만감이 있어서
식사 대용으로도 어울린다. 추천 메뉴는 망궈바이쉐헤이뉘미티엔
티엔芒果白雪黑糯米甜甜이다. 망고 반쪽과 검은 찹쌀밥 두 덩이를 바닐
라셰이크 위에 얹어 나온다. 망고의 새콤함, 찹쌀밥의 쫀득한 식감이
시원한 바닐라셰이크와 잘 어울린다. 메뉴판에 사진과 영어 설명이 있
어서 주문하기가 쉽다.

21세기 칭다오의 새로운 랜드마크
5·4 광장 5·4 广场 [우쓰 광창]

주소 青岛市 市南区 东海西路 **위치 ❶** 26, 31, 231, 304, 312번 버스 타고 스쩡푸(市政府) 정류장 하차 **❷** 지하철 3호선 우쓰광창(五四广场)역 C 출구에서 도보 10분 **시간** 24시간 **요금** 무료

잔교가 구시가지의 랜드마크라면, 5·4 광장은 신시가지의 랜드마크다. 광장의 중심에 세운 '5월의 바람五月的风[우위에더펑]'이란 조형물이 여행자의 시선을 단박에 사로잡는다. 높이 30m, 직경 27m의 조형물은 세차게 불어오는 바람을 상징한다. 전체를 빨간색으로 칠해서 마치 '타오르는 횃불' 같기도 한 이 조형물은 낮보다는 밤(19:30~22:00)에 더 극적으로 다가온다. 레이저 조명을 밝혀 바람이 불어오는 느낌을 실감나게 연출하고, 광장을 에워싼 고층 빌딩들도 조명 쇼에 동참하여 도시가 화려하게 빛난다. 상하이와 홍

콩만큼 환상적인 야경은 결코 아니지만, 나름대로 볼만하다. 5·4 광장을 중심으로 동쪽은 올림픽 요트 센터, 서쪽은 음악 광장이 해변 산책로를 따라 이어진다.

> **TIP 5·4 운동이란?**
> 5·4 운동의 발단은 제1차 세계대전이 끝나고 패전국이 된 독일이, 산동성山东省에 대한 권리와 이권을 일본에게 양도하라는 일본의 요구를 받아들인 데 있다. 이에 격분한 베이징의 학생 3,000여 명이 1919년 5월 4일 천안문 광장에 모여 반대 집회를 열고 가두시위를 벌였다. 시위는 급속도로 확산되어 두 달간 중국 전역을 뒤흔들었고, 마침내 1922년 일본군은 칭다오에서 물러나게 되었다. '5월의 바람' 조형물이 바로 칭다오가 5·4 운동의 도화선이었던 것을 상징한다. 한편 5·4 운동은 반봉건주의와 반제국주의 운동으로, 중국 근대사의 서막을 연 민중 운동이란 평가를 받고 있다.

베이징 올림픽의 요트 경기 개최지

칭다오 올림픽 요트 센터 青岛奥林匹克帆船中心 [칭다오 아오린 피쓰커 판촨 쭝신]

주소 青岛市 市南区 清远路 위치 ❶ 5·4 광장에서 도보 15분 ❷ 231, 317번 버스 타고 푸쩌우루난짠(福州路南站) 정류장 하차 후 도보 5분 ❸ 31, 33, 104, 208, 304, 311번 버스 타고 웬양광창(远洋广场) 정류장 하차 후 이온 몰에서 바다 방면으로 도보 10분 시간 24시간 요금 무료

2008년 베이징 올림픽 개최를 앞두고 내륙에 있는 베이징을 대신해 해상 경기를 치를 도시로 칭다오가 낙점되었다. 올림픽이 끝난 후 요트 센터는 칭다오 신시가지를 대표하는 관광지가 되었다. 공식 이름은 칭다오 올림픽 요트 센터青岛奥林匹克帆船中心[칭다오 아오린 피쓰커 판촨 쭝신]인데, 줄여서 올림픽 요트 센터라고 부른다. 새하얀 요트가 촘촘히 정박해 있는 부두, 야구방망이를 닮은 성화대, 연인 제방으로 이어진 3km의 산책로가 여행자에게 흥미를 안겨 준다. 직접 요트를 타고 바다로 나갈 수 있지만, 그저 산책로를 따라 타박타박 걷기만 해도 재미있다. 올림픽 요트 센터 주위에는 분위기 좋은 카페와 음식점도 많다. 대부분 마리나 시티百丽广场[바이리 광창], 해신 광장海信广场[하이신 광창], 심해 광장心海广场[신하이 광창] 안에 모여 있다.

예쁜 카페가 밀집한 캐주얼 쇼핑몰

마리나 시티 Marina city 百丽广场 [바이리 광창]

주소 青岛市 市南区 澳门路 88号 **위치** ❶ 올림픽 요트 센터에서 도보 2~5분 ❷ 231, 317번 버스 타고 푸쩌우루난짠(福州路南站) 정류장 하차 후 도보 5분 ❸ 31, 33, 104, 125, 208, 225, 232, 304, 311번 버스 타고 웬양광창(远洋广场) 정류장 하차 후 바다 방면으로 도보 10분 **시간** 10:00~21:30 **전화** 0532-6606-1666

올림픽 요트 센터 중앙에 있는 쇼핑몰이다. 우리나라 사람들에게는 중국어 이름보다 영어 이름인 마리나 시티로 더 유명하다. 지하 2층과 지상 3층으로 지어진 쇼핑몰은 크게 동쪽 구역东区과 서쪽 구역西区으로 나뉜다. 동쪽과 서쪽 구역은 지하로는 연결되지만, 지상은 건물이 서로 60m가량 떨어져 있어서 마치 2개의 쇼핑몰 같다. 노천에 스타벅스가 있는 곳이 동쪽 구역, 카페베네가 있는 곳이 서쪽 구역이다. 먼저 서쪽 구역

은 카페 거리라고 불릴 만큼 예쁜 카페가 즐비하다. 카페베네 옆 골목에 카페가 줄지어 있다. 그 끝에 중국은행, 농업은행이 있고, 1층에 딤섬으로 유명한 딘타이펑이 있다. 동쪽 구역은 20~30대가 즐겨 입는 캐주얼한 의류, 신발 브랜드 매장이 입점해 있다. 여행자들은 지하 1층의 이온(AEON) 마트와 어만두 전문점인 선가어수교船歌鱼水饺[찬꺼위쉐이지아오]를 즐겨 찾는다. 그밖에 광동 요리 전문점인 향도고사香稻故事[샹따오꾸스], 홍콩식 차찬텡 선종림仙踪林[시엔종린]이 있고, 3층에도 괜찮은 일식당과 회전식 초밥 전문점이 있다.

주소 青岛市 市南区 澳门路 88号 百丽广场 西区 (마리나 시티 서쪽 구역) 위치 ❶ 올림픽 요트 센터에서 도보 2~5분 ❷ 231, 317번 버스 타고 푸쩌우루난짠(福州路南站) 정류장 하차 후 도보 5분 ❸ 31, 33, 104, 125, 208, 225, 232, 304, 311번 버스 타고 웬양광창(远洋广场) 정류장 하차 후 바다 방면으로 도보 10분 시간 11:30~21:30(월~금요일), 1:00~21:30 (토~일요일) 가격 180元~(2인 기준) 전화 0532-6606-1309

딘타이펑 鼎泰丰 [딩타이펑]

딤섬을 좋아하는 사람들에게 딘타이펑은 탁월한 선택이다. 타이완에서 처음 문을 연 딘타이펑은 1993년《뉴욕타임즈》가 세계 10대 레스토랑으로 선정한 바 있다. 중국 대륙에서 즐겨 먹던 샤오롱빠오小笼包는 딘타이펑을 통해서 세계적으로 유명해졌다고 해도 과언이 아니다. 메뉴판에는 중국어, 영어뿐 아니라 한국어가 적혀 있어서 주문하기 쉽다. 딤섬 메뉴를 간단히 소개하면 샤오마이烧卖는 속에 들어간 재료가 밖으로 보이도록 윗부분을 여미지 않은 딤섬, 따빠오大包는 호빵처럼 피가 도톰하고 폭신한 딤섬, 쩡지아오蒸饺는 반달 모양으로 빚어서 찐 딤섬, 창펀肠粉은 부드러운 라이스 페이퍼로 재료를 돌돌 만 딤섬이다. 샤오롱빠오를 먹을 때는 육즙이 뜨거우니 입안이 데지 않도록 주의하자. 먼저 숟가락에 저민 생강을 올린 후 샤오롱빠오를 올려서 옆구리를 터뜨려 먹으면 입안을 데지 않고 맛있게 먹을 수 있다.

올웨이즈 🍴

Always 奥维斯啤酒花园 [아오웨이쓰 피지우 화위엔]

독일식 소시지, 독일식 족발, 피자, 스테이크, 중국식 각종 볶음밥 등을 판매하는 레스토랑이다. 유럽풍의 세련된 분위기가 낭만적이어서 저녁 식사 장소로 추천한다. 저녁에는 라이브 공연을 보면서 맥주를 곁들인 식사를 하기 좋다. 세계 각국의 유명한 맥주를 합리적인 가격에 판매하며, 메뉴판에 사진이 첨부되어 있어 주문도 쉽다.

주소 青岛市 市南区 澳门路86号 百丽广场 F1 **위치** ❶ 올림픽 요트센터에서 도보 2분 ❷ 231, 317번 버스 타고 푸쩌우루난짠(福州路南站) 정류장 하차 후 도보 5분 ❸ 31, 33, 104, 125, 208, 225, 232, 304, 311번 버스 타고 웬양광창(远洋广场) 정류장 하차 후 바다 방면으로 도보 10분 **시간** 10:00~22:00 **가격** 200元~(2인 기준) **전화** 0532-6606-1628

쥐라프 커피 ☕

Giraffe Coffee 长颈鹿主题咖啡 [창징루 주티 카페이]

커피 맛보다 아기자기한 인테리어가 시선을 사로잡는 카페다. 1층과 2층 매장은 기린을 테마로 꾸몄다. 매장 안팎에 크고 작은 기린 인형이 가득하고, 귀여운 기린 그림이 여럿 걸려 있다. 입구를 지키는 초대형 기린 모형이 예뻐서 사진을 찍다가 아예 안으로 들어와서 본격적으로 사진을 찍는 연인들이 적지 않다. 직원들도 사진만 찍고 나가는 사람들을 크게 개의치 않는 분위기여서, 카페에 앉아서 드나드는 사람들을 구경하는 재미가 있다. 커피 외에 다양한 과일 주스를 판매하고, 조각 케이크는 가격이 28~32元으로 다른 카페에 비해 저렴한 편이다.

주소 青岛市 市南区 百丽广场 西区(마리나 시티 서쪽 구역) 148号 **위치** ❶ 올림픽 요트 센터에서 도보 3분 ❷ 231, 317번 버스 타고 푸쩌우루난짠(福州路南站) 정류장 하차 후 도보 5분 ❸ 31, 33, 104, 125, 208, 225, 232, 304, 311번 버스 타고 웬양광창(远洋广场) 정류장 하차 후 바다 방면으로 도보 10분 **시간** 9:30~22:30 **가격** 25元~(1인 기준) **전화** 0532-6606-1995

주소 青岛市 市南区 澳门路 88号 百丽广场 西区 (마리나 시티 서쪽 구역) 3F **위치** ❶ 올림픽 요트 센터에서 도보 2~5분 ❷ 231, 317번 버스 타고 푸쩌우루난짠(福州路南站) 정류장 하차 후 도보 5분 ❸ 31, 33, 104, 125, 208, 225, 232, 304, 311번 버스 타고 웬양광창(远洋广场) 정류장 하차 후 바다 방면으로 도보 10분 **시간** 10:00~24:00 **가격** 200元~(2인 기준) **전화** 0532-6862-3777

정상 구궁격 화과 鼎尚九宫格火锅 [딩샹 지우꿍거 훠궈] 🍴

칭다오에서 시작해 현지인들에게 사랑받고 있는 훠궈 전문점이다. 작은 글씨로 중국어만 빼곡하게 적힌 메뉴판을 받아들면 당황스러워서 '그냥 나갈까?' 하는 갈등에 휩싸이기도 한다. 맨 왼쪽 상단에 쓰인 '쯔쉬엔 샤오랴오 인랴오自选小料饮料'는 뷔페식으로 차려 놓은 각종 소스와 음료, 과일 등을 마음대로 가져다 먹을 것인가를 선택하라는 의미다. 그다음으로 '딩샹 훠궈웨이鼎尚火锅味'는 육수인 탕을 선택하라는 뜻이다. 탕에 넣는 재료를 골고루 맛보고 싶으면 '핀판拼盘'이라고 적힌 세트 메뉴 위주로 주문하면 된다.

추천 메뉴

웬양훠궈 鸳鸯锅	매운 탕과 담백한 탕 반반
지우꿍거 취엔홍 훠궈 九宫格全红火锅	냄비에 9개 칸막이 설치된 훠궈
징핀 페이뉴 精品肥牛	최상급 소고기
네이멍구 까오양러우 内蒙古羔羊肉	네이멍구산 어린 양고기
하이시엔 핀판 海鲜拼盘	해산물 세트
쥔레이 핀판 菌类拼盘	버섯 세트
퉁하오 茼蒿	쑥갓
와와차이 娃娃菜	알배추
스슈 핀판 时蔬拼盘	야채 세트

올림픽 요트 센터에서 가까운 럭셔리 쇼핑몰

해신 광장 Hisense Plaza 海信广场 [하이신 광창]

주소 青岛市 市南区 东海西路 50号 **위치 ❶** 올림픽 요트 센터에서 도보 5분 **❷** 231, 317번 버스 타고 푸쩌우루난짠(福州路南站) 정류장 하차 **❸** 31, 33, 104, 125, 208, 225, 232, 304, 311번 버스 타고 웬양광창(远洋广场) 정류장 하차 후 바다 방면으로 도보 10분 **시간** 10:00~21:30 **홈페이지** www.hisense-plaza.com
전화 0532-6678-8888

이 백화점을 세운 해신海信[하이신] 그룹은 칭다오를 대표하는 기업이다. 6만 2천8백m² 부지에 지하 2층과 지상 3층으로 건설된 쇼핑몰로, 2008년에 문을 열었다. 구찌, 프라다, 까르띠에, 에르메스 등 800여 개의 세계적인 브랜드가 입점해 있다. 여행자들은 이런 명품 브랜드 매장들보다 지하 1층에 있는 레스토랑과 마트를 즐겨 방문한다. 타이완 음식 전문점인 일차일좌一茶一坐[이차이쭤], 식품 첨가물을 사용하지 않고 빵과 서양 요리를 만드는 세븐센스(7senses), 광동 요리 전문점인 향도고사香稻故事[샹따오꾸스]는 식사 시간마다 문전성시를 이룬다. 마트에는 중국 제품과 수입품이 다양하게 진열돼 있다.

주소 青島市 市南区 海信广场(해신 광장) B1F
위치 ① 올림픽 요트 센터에서 도보 5분 ②
231, 317번 버스 타고 푸쩌우루난짠(福州路南站) 정류장 하차
③ 31, 33, 104, 125, 208, 225, 232, 304, 311번 버스 타고 웬양광창(远洋广场) 정류장 하차 후 해신 광장(海信广场)까지 도보 10분 시간 10:00~22:00 가격 60元~(1인 기준) 전화 0532-8282-0088

세븐센스 7senses 🍴

맛있는 파스타와 스테이크, 수제 햄버거를 파는 레스토랑이다. 맛은 물론 분위기가 좋아서 양식을 먹고 싶다면 이곳을 추천한다. 메뉴판에 사진과 간단한 영어 설명이 적혀 있어서 주문이 어렵지 않고 가격도 적당하다. 파스타는 34~58元, 스테이크는 118元, 수제 햄버거는 68元 선에서 판매한다. 스테이크를 주문하면 직원이 어느 정도로 익혀 줄까를 묻는다. 레어(Rare)를 원하면 '싼청슈三成熟', 미디움 레어(Medium-rare)를 원하면 '우청슈五成熟', 미디움(Medium)을 원하면 '치청슈七成熟', 웰던(Well-done)을 원하면 '취엔슈全熟'라고 말하면 된다. 이곳은 각종 베이커리도 맛있다. 매장 입구에 진열해 놓은 베이커리만 사 가는 손님도 많을 정도인데, 식사 후에 디저트 메뉴로 주문할 수도 있다. 디저트 메뉴를 주문하면 식사와 함께 먹을지, 식사 후에 먹을지를 묻는다. 식사 후에 먹고 싶으면 '찬허우샹餐后上'이라고 말하면 된다. 식사를 다 먹은 후에 직원을 불러서 계산서를 보여 주면 디저트를 가져다준다.

추천 메뉴

번띠엔 터써샤라 本店特色沙拉	샐러드
징디엔한바오 经典汉堡	수제 햄버거
야쩌우 하이시엔 차오판 亚洲海鲜炒饭	해물 볶음밥
이따리 하이시엔 티엔스미엔 意大利海鲜天使面	이탈리아 해물 파스타
탄카오 페이리쮜 헤이지아오즈 炭烤菲力佐黑椒汁	소고기 스테이크
나포룬 拿破仑	딸기가 들어간 나폴레옹 디저트

일차일좌 一茶一坐 [이차이쭤]

주소 青岛市 市南区 澳门路 117号 海信 广场(해신 광장) B1F
위치 ❶ 올림픽 요트 센터에서 도보 5분 ❷ 231, 317번 버스 타고 푸쩌우루난짠(福州路南站) 정류장 하차 ❸ 31, 33, 104, 208, 304, 311번 버스 타고 웬양광창(远洋广场) 정류장 하차 후 바다 방면으로 도보 10분
시간 11:00~21:00
가격 50元~(1인 기준)
전화 0532-6678-8031

타이완에서 온 체인 음식점이다. 음식 맛이 훌륭하다기보다는 메뉴가 다양하고, 디저트까지 한자리에서 해결할 수 있어서 좋다. 식사 시간이면 빈자리가 없을 정도로 현지인들이 즐겨 찾는다. 혼자 온 사람들은 주로 덮밥, 볶음밥, 국수, 맵지 않은 타이완식 카레를 즐겨 먹는다. 전체적으로 요리의 양이 적고, 가격이 저렴한 편이다. 두툼한 메뉴판에 사진과 영어 설명이 보기 좋게 적혀 있다. 매운 요리는 고추의 개수로 매운 정도를 알려 준다. 다채로운 디저트도 매력적이다. 여름에는 산처럼 수북하게 쌓은 팥빙수 홍떠우빙산红豆冰山(22~38元)이 더위를 식히기에 안성맞춤이다.

고디바 Godiva

주소 青岛市市南区 东海西路 50号, 海信广场(해신 광장) B1F 위치 ❶ 올림픽 요트 센터에서 도보 5분 ❷ 231, 317번 버스 타고 푸쩌우루난짠(福州路南站) 정류장 하차 ❸ 31, 33, 104, 208, 304, 311번 버스 타고 웬양광창(远洋广场) 정류장 하차 후 바다 방면으로 도보 10분 시간 10:30~21:30 가격 45元~(1인 기준) 전화 159-0898-5627

최상품 카카오로 한 입 사이즈의 초콜릿과 초콜릿 아이스크림, 초콜릿 음료를 만들어 판매하고 있다. 많이 걸어서 지쳤을 때 고디바 아이스크림은 피로를 잊게 한다. 부드럽고 진한 초콜릿 아이스크림이 속을 시원하게 달래 준다. 하지만 콘 하나의 가격이 45元으로 조금 비싸다. 신용카드는 바로 매장에서 결제刷卡[솨카]하고, 현금은 매장 뒤편에 있는 계산대收银台[셔우인타이]에서 지불한다. 지불한 영수증을 직원에게 건네면 구매한 제품을 준다. 매장에 테이블은 따로 없다.

각종 꼬치구이와 해산물 뷔페

청미료 青未了 [칭웨이랴오]

주소 青岛市 市南区 新会路 奥帆中心 2号门 中航翔通游艇会 1F　**위치 ①** 올림픽 요트 센터에서 인터 컨티넨탈 호텔 맞은편에 있는 중항상통유정회(中航翔通游艇会) 건물 1층 **②** 231번 버스 타고 아오판지띠(奥帆基地) 정류장 하차 후 인터 컨티넨탈 호텔 방면으로 도보 5분　**시간** 11:30~13:45, 17:30~20:45　**가격** 98元(1인 기준, 점심), 128元(1인 기준, 저녁)　**전화** 0532-8909-9999

올림픽 요트 센터에서 가까운 인터 컨티넨탈 호텔 맞은편 중항상통유정회 中航翔通游艇会[풍항상통여우팅웨이] 건물 1층에 입점해 있다. 각종 해산물과 꼬치구이, 샤부샤부를 동시에 먹을 수 있는 뷔페로 가격 대비 구성이 훌륭하다. 연어와 문어회를 포함해 게와 굴, 조개는 찜으로, 새우는 철판에 구워서 무한 제공한다. 샤부샤부를 원하면 야채와 훠궈 재료가 쌓여 있는 코너의 직원에게 '워 야오 훠궈我要火锅'라고 말하면 탕이 담긴 냄비를 테이블에 세팅해 준다. 그 밖에 다양한 중국 볶음 요리와 오리구이, 닭구이 모두 맛있다. 칭다오 맥주와 음료를 무제한 제공하고, 과일과 케이크, 아이스크림 디저트 외에 맛 좋은 커피를 마실 수 있다. 여름 성수기에는 워낙 인기가 많아서 예약이 필수며, 비수기에도 주말은 예약을 해야 헛걸음하지 않는다.

파도를 형상화한 박물관

올림픽 요트 박물관 奧帆博物馆 [아오판 보우관]

주소 青岛市 市南区 新会路 1号 **위치** ❶ 올림픽 요트 센터 참조 ❷ 마리나 시티 몰에서 도보 5분 **시간** 9:00~17:30 **휴무** 매주 월요일 **요금** 30元 **전화** 0532-6656-2015

2008년 베이징 올림픽 때 칭다오에서 열린 요트 경기에 관한 것들이 전시돼 있다. 박물관 건물은 파도를 형상화한 디자인으로 유명하다. 안으로 들어가면 중국 오성기를 단 2대의 요트가 먼저 눈에 들어온다. 투명 돛을 단 요트는 베이징 올림픽 여자 요트 경기에서 금메달을 딴 선수가 사용했던 것이고, 흰 돛을 단 요트는 동메달을 딴 선수의 것이다. 주요 전시물은 모두 2층에 있다. 계단을 따라 올라가면 베이징 올림픽을 계획하고 개최하기까지의 이야기, 칭다오에서 요트 경기를 개최하기까지의 이야기가 사진과 글로 소개돼 있

다. 그 밖에 칭다오 출신 올림픽 스타들을 소개하고, 선수들이 입었던 운동복 등을 전시했다. 모든 설명은 중국어와 영어로 적혀 있고, 볼거리에 비해 입장료가 비싼 편이다.

석양 무렵이 낭만적인 산책로

연인 제방 情人坝[칭런바]

주소 青岛市 市南区 奥帆中心港区南側 **위치** ❶ 올림픽 요트 센터 참조 ❷ 마리나 시티 몰에서 도보 10분 **시간** 24시간 **요금** 무료

푸른 바다를 향해 길이 534m의 제방이 곧게 뻗어 있다. 화창한 날 늦은 오후에 제방을 따라 걸어 보자. 해 질 녘에 가장 아름다운 산책로가 바로 여기다. 붉게 물든 하늘과 바다가 영화 속 한 장면처럼 펼쳐진다. 제방을 따라 세계 각국의 국기가 바람에 펄럭이고, 맨

끝에 새하얀 등대가 서 있다. 등대 앞에 서면 신시가지의 빌딩 숲과 바다 풍경이 한눈에 들어온다. 단, 여름철 낮에는 햇볕이 직사광선으로 제방에 내리쬐기 때문에 걷기 힘들다. 연인 제방이라는 이름처럼 낭만적인 분위기를 느끼려면 해 질 녘에 걷자.

시내 중심의 대형 할인마트

까르푸 Carrefour 家乐福 [쟈러푸]

주소 青岛市 市南区 香港中路 21号 **위치 ❶** 25, 26, 125, 225, 232, 319, 321, 601번 버스 타고 푸산쒀(浮山所) 정류장 하차 **❷** 시청, 5·4 광장에서 도보 15분 **시간** 9:00~22:00 **전화** 0532-8584-5026

쇼핑 목적이 아니어도 여행 중에 '현지 주민들은 무엇을 즐겨 먹나?' 하는 호기심을 가지고 대형 마트를 둘러보면 재미있다. 유제품과 음료 코너에서는 '중국이 정말 큰 나라구나.' 하고 실감하게 된다. 매우 다양한 종류의 요거트 제품이 냉장 진열되어 있고, 상온에 층층이 진열되어 있는 음료와 라면은 종류를 다 세어 보기가 벅찰 정도로 많다. 까르푸는 칭다오에 여러 개 지점이 있지만, 신시가지 중심에 있는 이곳 명달점名达店[밍다띠엔]이 여행자들이 방문하기에 가장 편하다. 주의할 점은 퇴근 시간에 방문해서 물건을 구입하면 계산하는 데 시간이 오래 걸린다. 평일에는 일부 계산대만 운영해서, 쾌적하게 쇼핑하려면 퇴근 시간대를 피하는 게 좋다.

칭다오를 대표하는 음식점 거리

윈샤오루 미식 거리 云霄路美食街 [윈샤오루 메이스제]

주소 青岛市 市南区 云霄路美食街 **위치** 25, 26, 125, 319, 601번 버스 타고 푸산쒀(浮山所) 정류장 하차 후 쑤닝이꺼우(苏宁易购, SUNING.COM)라고 적힌 건물과 리엔허따샤(联合大厦) 빌딩 사이의 길 장핑루(漳平路) 따라 도보 7분 **시간** 24시간 **요금** 무료

대형 음식점이 밀집한 거리로, 여름이면 새벽까지 활기가 넘친다. 이 거리에는 칭다오의 특색 음식을 파는 식당이 많다. 거리 초입에 있는 소어촌小渔村[샤오위춘], 어부두渔码头[위마터우]가 오랫동안 사랑받아 온 식당이다. 미식 거리는 윈샤오루와 이웃한 민장루闽江路까지 이어진다. 윈샤오루에는 해산물을 주재료로 요리하는 식당이 많고, 민장루에는 중국 각 지방의 특색 음식을 전문으로 하는 식당이 많다. 예를 들면 쓰촨 요리 전문점인 촉향원蜀香苑[슈샹위엔], 충칭의 매콤한 민물고기 요리 전문점인 우산 고어巫山烤鱼[우산 카오위], 신장 위구르자치구 요리 전문점인 홍석류红石榴[홍스리우], 산동 요리 전문점인 노전촌

老转村[라오주완춘]이 그것이다. 그리고 두 거리에는 발 마사지 숍도 여러 개 있어서 여행의 피로를 풀기 좋다. 참고로 1~2월 여행 비수기에는 한 달 가까이 문을 닫는 식당도 있다.

다양한 중국요리 전문점

소어촌 小渔村 [샤오위춘] 🍴

주소 青岛市 市南区 云霄路 12号 **위치** 25, 26, 125, 319, 601번 버스타고 푸산쒀(浮山所) 정류장 하차 후 쑤 닝이꺼우(苏宁易购, SUNING.COM)라고 적힌 건물과 리엔허따샤(联合大厦) 빌딩 사이의 길 장핑루(漳平路) 따라 도보 7분 **시간** 11:00~21:30 **가격** 100元~(2인 기준) **전화** 0532-8077-7669

원샤오루 미식 거리 초입에 있는 대형 식당으로 각종 중국요리와 해산물 요리를 판매한다. 살아 있는 어류와 조개류는 수족관에서 직접 확인한 후 주문하고, 각종 중국요리는 사진을 보고 주문하는 시스템이다. 음식이 빼어나게 맛있는 곳은 아니지만, 음식 종류가 무척 다양해서 여러 사람이 함께 식사하기 좋다. 새우를 좋아한다면 샹라샤香辣虾를 주문하자. 튀긴 새우를 마른 고추, 땅콩을 넣고 다시 한 번 튀기듯 볶은 요리인데, 새우 머리까지 다 먹을 수 있을 정도로 바삭한 식감이 일품이다. 튀김옷을 입혀서 튀긴 마를 연유에 버무려 내오는 나이라오산야오奶酪山药도 맛있다. 어른과 아이들이 함께 먹기 좋다.

🐼 추천 메뉴

샹라샤香辣虾	튀긴 새우에 마른 고추와 땅콩을 넣고 다시 튀기듯 볶은 요리
쟈오옌샤후 椒盐虾虎	짭조름하게 볶은 갯가재(쏙)
나이라오샨야오 奶酪山药	바삭하게 튀긴 마를 달콤한 연유에 버무린 요리
지엔쟈오피딴 尖椒皮蛋	매운 피망을 잘게 썰어서 간장 소스를 끼얹은 송화단

양꼬치보다 맛있는 양갈비구이 전문점

야백합 몽고 양다리구이 野百合蒙古烤羊腿 [예바이허 멍구 카오양퉤이] 🍴

주소 青岛市 市南区 云霄路 84号 위치 25, 26, 125, 319, 601번 버스 타고 푸샨쒀(浮山所) 정류장 하차 후 쑤닝이꺼우(苏宁易购, SUNING.COM)라고 적힌 건물과 리엔허따사(联合大厦) 빌딩 사이의 길 장핑루(漳平路) 따라 도보 7분 시간 11:30~24:00 가격 150元~(2인 기준) 전화 0532-8571-2080

양꼬치는 칭다오 맥주와 환상의 궁합처럼 맛이 어울린다. 그런데 양고기를 조그맣게 잘라 꼬치에 꿰어 굽는 양러우촨羊肉串보다 갈빗대가 달린 양갈비구이 양파이구羊排骨가 더욱 맛있다. 이곳은 중국어 메뉴판만 있지만 남자 사장님이 중국어를 못하는 한국인 손님을 눈치껏 응대한다. 만약 양꼬치와 양갈비를 모두 주문한다면, 양꼬치부터 먹고 양갈비를 맛보자. 일단 양갈비를 맛보면 육질이나 육즙 등 모든 면에서 양꼬치보다 맛있기 때문에, 상대적으로 양꼬치가 맛없게 느껴진다.

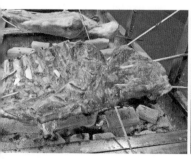

여행의 피로가 사라지는 발 마사지

발 마사지는 중국 여행에서 빼놓을 수 없는 즐거움이다. 온종일 뚜벅뚜벅 걷고 나면 저녁 무렵 종아리가 붓기 일쑤다. 이럴 때 발 마사지 한 번만 제대로 받아도 피로가 말끔히 풀린다. 다음 날 가벼워진 발걸음이 놀라울 정도. 전국에서 발 마사지로 유명한 브랜드들을 민장루, 5·4 광장과 칭다오 요트 경기센터 일대에서 쉽게 찾아볼 수 있다. 그중에서 오랜 시간 변함없이 좋은 평가를 받고 있는 가게 세 곳을 엄선해 소개한다. 어느 곳을 선택하든 만족스러운 서비스를 받을 수 있다.

족생당 富侨足道 [푸차오 주따오]

주소 青岛市 市南区 云霄路 98号 **위치** 25, 26, 125, 319, 601번 버스 타고 푸산쒀(浮山所) 정류장 하차 후 쑤닝이꺼우(苏宁易购, SUNING.COM)라고 적힌 건물과 리엔허따사(联合大厦) 빌딩 사이의 길 장핑루(漳平路)를 따라 도보 9분 **시간** 12:00~다음 날 2:00 **가격** 138元~(1인 기준) **전화** 150-9212-2010

간판에 적힌 한글 상호명과 중국어명이 다르다. 기존에 족생당足生堂으로 영업하던 곳인데, 중국어 상호를 바꾸면서 한국어 이름은 그대로 두었기 때문이다. 인기 프로그램은 발 마사지(60분), 발 마사지와 전신마사지(90분)며 가격은 138~288元 정도한다.

구적 족도 鸥迪足道 [오우디 주따오]

주소 青岛市 市南区 东海中路4号 **위치 ❶** 해신 광장에서 도보 8분 **❷** 마리나 시티에서 도보 12분 **❸** 지하철 2호선 옌얼다오루(燕儿岛路)역 C출구 도보 10분 **시간** 11:00~다음 날 1:00 **가격** 119元~ **전화** 0532-8506-9987

칭다오 올림픽 요트 센터와 인터 컨티넨탈 호텔에서 걸어가기 좋은 곳에 있다. 중국의 13개 성에 체인을 운영 중인 브랜드 발 마사지 숍인데, 다른 브랜드에 비해 가격이 저렴해서 좋다. 발 마사지와 등과 어깨를 60분간 주물러주는 프로그램이 119~138元이다.

양자 건신 良子健身 [양쯔 지엔션]

주소 青岛市 市南区 山东路2号 华仁国际大厦2层 **위치** 지하철 2, 3호선 우쓰광창(五四广场)역 D출구 도보 3분 **시간** 11:00~다음 날 1:00 **가격** 188元~ **전화** 0532-6656-5555

칭다오에서 발 마사지 체인 가운데 가장 유명한 브랜드다. 칭다오에만 10개가 넘는 매장이 있는데, 그중 5·4 광장에서 가까운 이 지점을 여행자들이 즐겨 찾는다. 중국어 메뉴판과 한국어 메뉴판이 있으니, 둘 중 하나를 요청하면 아이패드로 보여준다. 90분짜리 발 마사지 코스는 고급과 일반 코스로 나뉘며 요금은 188~218元. 요금이 꽤 비싼 편이지만 그만큼 정성스럽게 마사지를 해준다.

마사지 받을 때 유용한 중국어

마사지를 받는 동안 직원이 가끔 다른 것(각질 제거, 발톱 손질)을 권하기도 한다. 원치 않으면 '부야오不要(원하지 않습니다)'나 '팅뿌동听不懂(못 알아들어요)'이라고 말하면 된다. 그리고 다음과 같이 몇 가지 중국어를 알아두면 마사지 받을 때 아주 유용하다.

(물이) 뜨거워요. : 타이 탕 러太烫了   조금 살살 해 주세요. : 칭 이디엔轻一点

조금 세게 해 주세요. : 쭝 이디엔重一点

합리적인 가격의 쓰촨 요리 전문점

촉향원 蜀香苑[슈샹위엔]

주소 青岛市 市南区 闽江路 118号 **위치** 원샤오루와 민장루가 만나는 지점에서 민장루 좌측에 위치(원샤오루 미식 거리 참조) **시간** 11:00~21:30 **가격** 100元~(2인 기준) **전화** 0532-8577-6796

매장에 들어서면 티베트의 오색 깃발 타르초가 휘날리고, 갤러리처럼 음식 사진이 벽면에 쭉 걸려 있다. 이 사진들을 보고 음식을 주문하는 시스템이다. 대체로 가격이 비싸지 않고, 음식 맛도 좋다. 2명이면 요리 2~3가지와 밥을 주문하면 배부르게 먹을 수 있다. 특히 콩꼬투리 볶음인 깐삐엔윈떠우干煸芸豆가 맛있다.

추천 메뉴

깐삐엔윈떠우 干煸芸豆	콩꼬투리 볶음
페이텅위 沸腾鱼	매운 고추 기름에 생선살과 콩나물을 익힌 요리
라쯔지 辣子鸡	잘게 자른 닭과 마른 고추와 튀김
위샹러우쓰 鱼香肉丝	어향 소스에 채 썬 돼지고기와 죽순 볶음
마포떠우푸 麻婆豆腐	마파두부

민장루에서 해물찜으로 유명한 집

증선방　蒸鲜榜 [쩡시엔팡]

주소 青岛市 市南区 闽江路120号 위치 윈샤오루(云霄路)와 민장루(闽江店)가 만나는 지점에 위치(윈샤오루 미식 거리 참조) 시간 10:00~24:00 가격 250元~(2인 기준) 전화 0532-8571-7978

요즘 칭다오는 해물찜이 대세다. 곳곳에서 해물찜을 많이 파는데, 이곳은 음식점이 빽빽한 민장루闽江路에서 맛으로 현지인들에게 큰 사랑을 받고 있다. 각종 해물은 찜으로 즐길 수 있을 뿐 아니라 구이로도 판매한다. 그밖에 양꼬치, 어만두, 각종 중국식 볶음 요리도 준비돼 있다. 주문은 진열돼 있는 해산물을 손으로 가리키고 찜을 원하면 쩡蒸, 구이를 원하면 카오烤라고 얘기하면 된다. 볶음 요리는 벽에 걸려 있는 사진을 가리키면 된다.

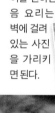

산동 가정식 요리와 죽 전문점
죽전죽도 粥全粥到 [쩌우취엔쩌우따오]

주소 青岛市 市南区 江西路 97号 **위치** 210, 218, 222, 322, 374번 버스 타고 하이양띠즈쒀(海洋地质所) 정류장 하차 후 도보 5분 **시간** 11:00~22:30 **가격** 80元~(2인 기준) **전화** 0532-8577-2056

'엄마가 해 주신 요리'란 뜻의 '마마차이妈妈菜'를 모토로 내걸고, 칭다오에만 10개가 넘는 체인이 성업 중이다. 맛이 좋아서 칭다오에서 꼭 한 번 먹어 봐야 할 음식점으로 추천한다. 요리 주문은 진열해 놓은 야채와 수족관에 살아 있는 어패류, 벽면에 걸린 사진 메뉴판을 보고 한다. 2명이면 요리 1~2가지와 죽이 적당하고, 인원이 3~4명일 때는 요리를 3~4가지 정도 주문하면 남기지 않고 먹을 수 있다. 특히 탕수육인 탕추리지糖醋里脊와 콩꼬투리 볶음인 메이지시엔떠우쟈오美极鲜豆角가 맛있다. 죽은 종류가 10가지가 넘을 정도로 다양하다. 죽은 혼자 먹기에 적당한 사이즈인 샤오펀小份, 2~3명이 먹기에 적당한 사이즈 따펀大份 중에서 선택할 수 있다. 죽 이름 옆에 티엔甜이 적혀 있으면 단맛이 나고, 시엔咸이 적혀 있으면 소금 간을 한 죽이다.

추천 메뉴

바이허 난꽈 샤오미쩌우 百合南瓜小米粥	좁쌀과 호박죽
띠꽈쩌우 地瓜粥	고구마 죽
피딴 셔우러우 쩌우 皮蛋瘦肉粥	송화단과 돼지 살코기죽
샹꾸 샤런 쩌우 香菇虾仁粥	표고버섯과 새우살 죽
탕추리지 糖醋里脊	탕수육
메이지시엔떠우쟈오美极鲜豆角	연한 콩꼬투리 볶음
란메이산야오 蓝莓山药	삶은 마와 블루베리 소스
하이시엔따떠우푸 海鲜大豆腐	해산물과 두부 간장 소스

칭다오의 명물 돼지갈비탕

경구 배골 미반 京九排骨米饭 [징지우 파이구 미판] 🍴

주소 青岛市 市南区 江西路 91号 **위치** 32, 210, 312, 322, 604번 버스 타고 칭다오 얼쭝펀샤오(青岛二中分校) 정류장 하차 후 도보 5분 **시간** 7:00~다음 날 5:00 **가격** 12元~(1인 기준) **전화** 0532-8597-1137

파이구 미판排骨米饭은 산동 반도의 음식이
다. 돼지뼈를 조리한 음식인데, 이 가게의 특
징은 탕이 우리나라 갈비탕처럼 맑고 담백하
다는 것이다. 정향, 오향, 육두구 등 약재를
넣고 돼지갈비를 익혀 잡내가 나지 않는다.
약재 맛이 강하지 않도록 양과 순서를 조절
해서 넣는 것이 비법이라고 한다. 주문은 프
런트에서 메뉴판을 보고 한다. 추천 메뉴를
참고해서 주문하면 되는데, 탕에 들어간 돼
지갈비의 개수에 따라 요금이 2元씩 올라간
다. 1개는 15元, 2개는 17元, 3개는 19元
을 받고 있으니, 본인의 식사량을 고려해서
주문하면 된다. 갈비의 크기가 작기 때문에 2
개는 먹어야 제대로 맛을 볼 수 있다. 맛있게
먹는 방법은 먼저 탕을 맛보고, 고기를 먹는
다. 그리고 취향에 따라 테이블에 놓인 고춧
가루를 탕에 풀거나, 식초를 종지에 따라 고
기를 찍어서 먹어 본다. 먹다가 밥이 부족하
면 더 달라고 하자. 추가 요금 없이 밥을 더 준
다. 매장 한쪽에 오이무침, 미역줄기무침, 간
장에 절인 양파 등의 밑반찬을 뷔페식으로
차려 놓았다. 무료로 제공하는 것이니 본인
이 원하는 만큼 덜어 먹으면 된다.

추천 메뉴

바이차이 파이구 白菜排骨	배추 돼지갈비탕
뽀차이 파이구 菠菜排骨	시금치 돼지갈비탕
떠우야 파이구 豆芽排骨	콩나물 돼지갈비탕
투떠우 파이구 土豆排骨	감자 돼지갈비탕
위엔웨이 파이구 原味排骨	(야채를 넣지 않은) 돼지 갈비탕

테라스를 보유한 카페 밀집 거리
민장얼루 커피·차 예술 거리 闽江二路咖啡茶艺街 [민장얼루 카페이·차 이제]

주소 青岛市 市南区 闽江二路 咖啡茶艺街 **위치** 31, 33, 104, 208, 304, 311번 버스 타고 웬양광창(远洋广场) 정류장 하차 후 쌍둥이 빌딩 코스코 플라자(COSCO PLAZA) A동과 B동 건물 사이의 광장 따라 도보 5분 **시간** 24시간 **요금** 무료

2009년에 칭다오시에서 민장얼루闽江二路를 커피·차 예술 거리로 조성했다. 총 486m의 거리를 따라서 카페 20여 곳이 이어진다. 모두 테라스를 갖추고 있어서 분위기가 이국적이다. 카페마다 개성 있게 꾸몄지만, 굳이 커피를 마시려고 이 거리를 방문할 필요는 없다. 민장얼루 외에도 칭다오 거리 곳곳에 특색 있는 카페가 즐비하기 때문이다. 지나는 길이라면 마음에 드는 카페를 골라 잠시 쉬어 갈 만하다.

빈티지한 분위기가 Good
키어 카페 Keer Café 哥儿咖啡馆 [꺼얼카페이관]

주소 青岛市 市南区 闽江二路 27号 **위치** 31, 33, 104, 125, 208, 225, 232, 304, 311번 버스 타고 웬양광창(远洋广场) 정류장 하차 후 쌍둥이 빌딩 코스코 플라자(COSCO PLAZA) A동과 B동 건물 사이의 광장 따라 도보 10분 **시간** 10:30~23:30 **가격** 25元~(1인 기준) **전화** 0532-8575-8585

민장얼루闽江二路 카페 거리에서 평판이 좋은 카페다. 2층으로 된 카페 안을 빈티지한 분위기로 꾸몄다. 특히 2층은 각 테이블을 개별 공간처럼 꾸며 놓아서 책을 읽거나 일기를 쓰기 좋다. 테이블마다 콘센트를 여러 개 설치해 놓아서 휴대전화 배터리를 충전하고, 노트북을 사용하기에도 편하다. 주문은 마음에 드는 자리에 앉으면 직원이 메뉴판을 가져온다. 메뉴판에 중국어와 영어가 나란히 적혀 있어서 주문하기 쉽다. 커피는 25~40元 선이고, 블루베리 치즈 케이크와 티라미수, 와플은 30~35元 선에서 판매한다. 카푸

치노와 라테는 사용하는 우유의 맛이 우리나라와 달라서 입맛에 잘 안 맞을 수도 있다. 그 밖에 다양한 과일 음료와 슬러시도 있다.

칭다오를 대표하는 어만두 전문점

선가어수교 船歌鱼水饺 [찬꺼위쉐이지아오]

민장얼루점(闽江路店)
주소 青岛市 市南区 闽江二路 57号 **위치 ❶** 228, 314, 374번 버스 타고 푸쩌우난루(福州南路) 정류장 하차 후 도보 5분 **❷** 독일 풍물 거리, 타이동루 보행가, 원양 광장 옆 신화서점 앞에서 222번 버스 타고 민장얼루(闽江二路) 정류장 하차 **시간** 11:00~15:00, 16:30~21:00 **가격** 100元~(2인 기준) **전화** 0532-8077-8001

마리나시티점(百丽广场店)
주소 青岛市 市南区 澳门路 88号 百丽广场(마리나 시티) B1F **위치** 마리나 시티(바이리 광창) 참조 **시간** 10:00~21:30 **가격** 100元~(2인 기준) **전화** 0532-6606-1899

더 믹스점(万象城店)
주소 青岛市 市南区 山东路 6号 万象城(더 믹스) B1F **위치** 더 믹스(완상청) 참조 **시간** 11:00~21:30 **가격** 100元~(2인 기준) **전화** 0532-8909-2009

선가어수교는 칭다오에 온 여행자라면 한 번은 방문하는 레스토랑이다. 시내에 지점이 여러 개 있는데, 민장얼루점闽江路店을 가장 추천한다. 각종 어만두를 포함해 신선한 해산물 요리를 함께 즐기기에 민장얼루점이 제격이다. 매장에 들어서면 긴 테이블에 신선한 해산물과 야채를 한가득 진열해 놓았다. 손님이 재료의 상태를 확인하고 주문하는 시스템이다. 각 해산물의 조리법은 가격표 옆에 적혀 있다. 그 밖에 다른 지점도 요리 사진을 벽면에 걸어 두어서 주문하기가 어렵지 않다. 만약 이런 시스템이 어색하다면 추천 메뉴 중에서 마음에 드는 것을 손가락으로 가리켜 주문하면 된다. 만두는 주문이 들어오면 그때 빚어서 익히기 때문에 시간이 20~30분 정도 걸린다. 만두가 나오기 전에 먹을 요리 1~2가지를 함께 주문하는 것이 좋다. 만두 1인분은 18~20개이며 혼자 먹기에는 양이 많다.

추천 메뉴

취엔쟈푸 쉐이지아오 全家福水饺	삼치, 오징어, 부세, 해삼 등을 넣은 4가지 만두
빠위쉐이지아오 鲅鱼水饺	삼치 만두
모위쉐이지아오 墨鱼水饺	오징어 만두
펑웨이치에티아오 风味茄条	짭조름한 가지 볶음
나이라오샨야오 奶酪山药	마 튀김과 연유 소스
쑤완샹샤오카오여우위 蒜香烧烤鱿鱼	오징어와 통마늘 볶음
샤오빠오위 小鲍鱼	전복 볶음
샨뻬이 扇贝	가리비와 저민 생강, 간장 소스 볶음

타이완에서 온 베이커리와 커피 전문점
85도C　85度C [빠스우뚜씨]

옌얼다오루점(燕儿岛路店)
주소 青岛市 市南区 燕儿岛路 17号　**위치 ❶** 222, 309, 369, 374번 버스 타고 슈청(书城) 정류장 하차 **❷** 31, 33, 104, 125, 208, 225, 232, 304, 311번 버스 타고 웬양광창(远洋广场) 정류장 하차 후 신화서점(新华书店)에서 도보 5분　**시간** 7:00~22:00　**가격** 15元~(1인 기준)　**전화** 0532-8589-1810

민장얼루점(闽江路店)
주소 青岛市 市南区 闽江路 170号　**위치 ❶** 228번 버스 타고 푸쩌우루난(福州南路) 정류장 하차 후 도보 5분 **❷** 222번 버스 타고 민장얼루(闽江二路) 정류장 하차 **❸** 31, 33, 104, 125, 208, 225, 232, 304, 311번 버스 타고 웬양광창(远洋广场) 정류장 하차 후 쌍둥이 빌딩 코스코 플라자(COSCO PLAZA) A동과 B동 건물 사이의 광장 따라 도보 10분　**시간** 8:00~20:00　**가격** 15元~(1인 기준)　**전화** 0532-8572-0041

이름에 '커피는 85°C가 가장 맛있는 온도'라는 뜻이 담겨 있다. 매장 안에 테이블이 많지 않아서 매장에서 먹는 사람보다 사 가는 사람이 훨씬 많다. 커피는 종류에 따라 10~20元 그리고 커피보다 더 인기인 밀크티 나이차奶茶는 8~15元 정도 한다. 프런트 뒤로 음료 메뉴판이 걸려 있고 중국어와 영어로 적혀 있다. 베이커리도 종류가 다양하고 가격이 대체로 저렴하다. 조각 케이크와 푸딩은 14~20元인데 단맛이 좀 강하다. 옌얼다오루점燕儿岛路店은 시내 중심에 있는 신화서점新华书店에서 가깝고, 민장얼루점闽江路店은 민장얼루 카페·차 거리에서 가깝다. 신화서점이나 민장얼루에 간다면 한 번쯤 맛볼 만하다.

진동 벨 대신 인형을 주는 카페

엑스레이 커피 XRAY COFFEE 星光线咖啡 [싱꽝시엔 카페이]

주소 青岛市 市南区 漳州一路 55号 (太古地下商街北口) 위치 31, 33, 104, 125, 208, 225, 232, 304, 311
번 버스 타고 웬양광창(远洋广场) 정류장 하차 후 투다리가 있는 광장 끝까지 도보 5분 시간 9:00~24:00 가격
21元~(1인기준) 전화 0532-8571-1163

대형 건물 1, 2층이 전부 커피숍이라서 멀리
서도 눈에 잘 띈다. 이 커다란 매장이 늘 손님
으로 북적인다. 그럼에도 군데군데 큰 화분
을 배치해 놓아서 공기가 좋게 느껴진다. 또
한 이 가게는 프런트에서 원하는 메뉴를 주
문하면 진동 벨 대신 인형을 준다. 인형을 테
이블에 올려놓으면 직원이 주문한 음료를 가
져다주는 시스템이다. 그리고 인형은 직원이
회수해간다. 칭다오에 거주하는 한국인들이
자주 오는 카페여서 심심치 않게 한국어가
들리고, 한국어 안내문도 볼 수 있다. 음악은
감미로운 팝송 위주로 틀어서 책을 읽기에도
좋고, 쿠션 좋은 의자에 기대어 와이파이를

사용하며 쉬어가기에도 좋다. 카페에는 인형
과 꽃을 파는 숍도 입점해 있다.

까르푸보다 쾌적한 대형 마트

이온 AEON

주소 青岛市 市南区 香港中路 72号 위치 31, 33, 104, 125, 208, 225, 232, 304, 311번 버스 타고 웬양광
창(远洋广场) 정류장 하차 시간 8:30~23:00(여름), 8:30~22:00(겨울) 전화 0532-8571-9600

일본계 마트로 오랫동안 저
스코(JUSCO)로 영업했
다. 180여 개 기업으로
구성된 이 일본계 유통
그룹은 2010년 모든
마트의 이름을 그룹의 영
문 이름을 따서 이온(AEON)
으로 변경했다. 이에 따라 칭다오의 모든 저
스코 매장도 2011년에 이름을 변경했다.
시내에 이온 마트가 많은데, 단일 매장으로
가장 큰 지점이 이곳 샹강쭝루점香港中店
이다. 칭다오의 쌍둥이 빌딩으로 유명한 코
스코 플라자(COSCO PLAZA) 건물 맞은편
에 있다. 올림픽 요트 센터와 마리나 시티,

해신 광장과 가까워서 도보 5~10분이면 갈
수 있다. 이곳은 상품 진열이 일목요연해서
까르푸보다 쇼핑하기가 쾌적하다. 1층에서
쇼핑 카트를 끌고 본격적으로 마트 쇼핑의
즐거움을 누려 보자. 2층에는 혼자서도 식
사하기 좋은 식당이 여러 개 있다. 완난 쌀국
수 전문점인 아향미선阿香米线[아상미시엔], 일
본 라면 전문점인 아지센라面味千拉面[웨이치엔
라미엔], 그 밖에 다양한 중국 음식을 판매하는
푸드 코트가 있다.

> **TIP** 선물용으로는 십월초오十月初五[스위에추우] 브
> 랜드의 펑리수凤梨酥[펑리쑤]와 아몬드 쿠키杏仁饼[싱런
> 빙], 호두 쿠키合桃酥[하타오쑤]가 포장도 예쁘고 맛있다.

181

QINGDAO

칭다오 맥주 문화를 체험하기 좋은 곳

타이동루 상업 보행가

台东路商业步行街

일대

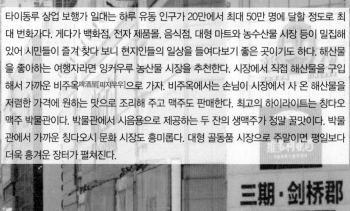

타이동루 상업 보행가 일대는 하루 유동 인구가 20만에서 최대 50만 명에 달할 정도로 최대 번화가다. 게다가 백화점, 전자 제품몰, 음식점, 대형 마트와 농수산물 시장 등이 밀집해 있어 시민들이 즐겨 찾다 보니 현지인들의 일상을 들여다보기 좋은 곳이기도 하다. 해산물을 좋아하는 여행자라면 잉커우루 농산물 시장을 추천한다. 시장에서 직접 해산물을 구입해서 가까운 비주옥啤酒屋[피지우위]으로 가자. 비주옥에서는 손님이 시장에서 사 온 해산물을 저렴한 가격에 원하는 맛으로 조리해 주고 맥주도 판매한다. 최고의 하이라이트는 칭다오 맥주 박물관이다. 박물관에서 시음용으로 제공하는 두 잔의 생맥주가 정말 꿀맛이다. 박물관에서 가까운 칭다오시 문화 시장도 흥미롭다. 대형 골동품 시장으로 주말이면 평일보다 더욱 흥겨운 장터가 펼쳐진다.

타이동루 상업 보행가 일대 BEST COURSE

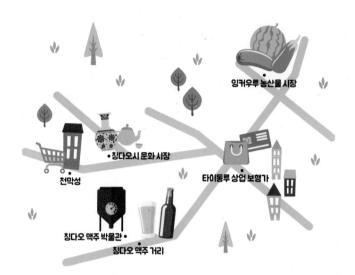

잉커우루 농산물 시장

칭다오시 문화 시장

천막성

타이동루 상업 보행가

칭다오 맥주 박물관

칭다오 맥주 거리

대중적인 코스

칭다오 맥주 박물관에서 갓 생산된 맥주를 맛보고, 칭다오의 최대 번화가인 타이동루를 거닌 후 잉커우루 농산물 시장에서 직접 상상한 해산물을 구입해 보자.

칭다오 맥주 박물관 ──도보 2분→ 칭다오 맥주 거리 ──도보 10분→ 천막성 ──도보 10분→

잉커우루 농산물 시장 ←─도보 15분── 타이동루 상업 보행가 ←─217, 218, 222번 버스 20분── 칭다오시 문화 시장

중국과 세계 와인의 역사를 소개

와인 박물관 葡萄酒博物馆 [푸타오지우 보우관]

주소 青岛市 市北区 延安一路 68号 **위치 ❶** 15, 219, 220, 368, 604번 버스 타고 똥우위엔(动物园) 정류장 하차 후 도보 2~3분 **❷** 205, 212, 217, 225, 308번 버스 타고 스우쭝(十五中) 정류장 하차 후 옌안이루(延安一路) 따라 도보 7분 **시간** 9:00~17:00 **요금** 50元 **전화** 0532-8271-8399

이곳은 옌타이烟台의 장유 와인 박물관张裕葡萄酒博物馆과 함께 중국에 와인을 알리는데 앞장서고 있다. 장유 와인 박물관이 중국을 대표하는 와인 기업인 장유张裕가 생산하는 와인을 소개하는 곳이라면, 이곳은 세계 와인의 역사와 문화를 폭넓게 소개하고 있다. 2009년에 칭다오시가 투자하여 중국 건국 초기에 건설된 지하 방공 터널을 와인 박물관으로 꾸몄다. 총 192m의 지하 터널을 따라 와인 용품관, 와인 역사관, 와인 저장실, 중국 와인관 등이 이어진다. 그중 중국 와인

이 생산된 역사를 소개해 놓은 와인관이 흥미롭다. 대형 지도를 통해서 중국의 포도 산지를 한눈에 볼 수 있다. 주요 내용들은 한국어로도 소개해 놓았고, 마지막에는 칭다오의 화동장원华东庄园[화똥쫭위엔]에서 생산된 와인 한 잔을 시음용으로 과자와 함께 제공한다.

Now 줌인

중국 제1의 포도와 와인 산지, 산동山东

최근 중국은 세계 정상들을 초청한 환영 만찬에서 건배주로 바이주白酒보다는 와인을 선호하는 추세다. 2013년 박근혜 대통령이 베이징을 방문했을 때는 산동의 장유(张裕·Changyu, 1992년산) 와인을, 2014년 베이징에서 열린 APEC 때는 허베이의 장성(长城·Great Wall, 2006년산) 와인을 건배주로 내놓았다. 두 와인의 공통점은 '중국에서 생산된 포도로, 중국 기업이, 중국 와이너리에서 만든 와인'이라는 것이다. 현재 중국은 스페인에 이어 세계 제2의 포도 재배 국가다. 총 7,500km² 면적에서 포도를 생산하고 있다. 포도밭은 허베이, 산동, 닝샤후이 족 자치구, 신장 위구르 자치구, 윈난 등지에 분포하는데, 그중에서 산동이 으뜸으로 꼽힌다. 삼면이 바다로 둘러싸인 산동의 해양성 기후, 물이 잘 빠지는 토양 그리고 넓은 토지가 산동을 중국 최대 포도 산지로 만들었다. 산동에서도 옌타이烟台가 중국 포도 생산량의 40%를 차지한다. 중국을 대표하는 와인 기업인 장유와 장성 모두 옌타이에서 와이너리(Winery)를 운영하고 있다. 칭다오의 화동장원华东庄园[화똥쫭위엔]에서도 와인이 생산되고 있으며, 시내 대형 마트에서 화동장원 브랜드를 흔히 볼 수 있다.

칭다오 맥주 1년 판매량

칭다오 맥주는 1년에 얼마나 판매될까? 중국 검색 사이트 바이두百度에서 찾아보니 2014년에 총 915.4만 톤이 판매되었다고 한다. 이는 칭다오 맥주 주식회사의 대표 브랜드인 칭다오 맥주, 하위 브랜드인 라오산 맥주崂山啤酒와 한쓰 맥주汉斯啤酒까지 전부 포함된 양이다. 그중에서 칭다오 맥주 브랜드의 판매량이 절반에 가까운 450만 톤을 기록했다. 맥주 1톤을 리터로 환산하면 988리터라니, 칭다오 맥주 브랜드만을 리터로 환산해 보자. 4,500,000×988=4,446,000,000이니 총 44억 4천 6백만 리터라는 계산이 나온다. 맥주 캔 하나에 350ml씩 들어가니까 44억 4천6백만 리터를 0.35로 나누면 캔 맥주가 얼마나 팔렸는지 알 수 있다. 1년에 무려 127억 개가 넘게 팔렸다는 계산이 나온다. 이는 영유아를 포함한 우리나라 전체 인구가 1인당 약 245캔씩 마실 수 있는 양이다.

칭다오 맥주의 모든 것
칭다오 맥주 박물관 靑岛啤酒博物馆[칭다오 피지우 보우관] 🏛

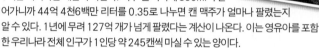

주소 青岛市 市北区 登州路 56号 **위치 ❶** 와인 박물관에서 도보 10분 **❷** 25, 307번 버스 타고 스우쭝(十五中) 정류장 하차 후 도보 7~8분 **❸** 205, 217, 221, 604번 버스 타고 칭다오피지우보우관(青岛啤酒博物馆) 정류장 하차 **시간** 8:30~17:00(4~10월), 8:30~16:30(11~3월) **요금** 60元(4~10월), 50元(11~3월) / 20元 추가하면 춘셩 맥주 1시간 동안 무한 제공 **전화** 0532-8383-3437

1903년에 독일인과 영국인이 공동 투자해서 게르만 양조 회사를 설립한 것이 칭다오 맥주의 시작이었다. 당시 중국에 거주하던 독일인과 외국인들에게 판매할 목적으로, 독일의 기술과 설비를 들여와서 맥주를 제조했다고 한다. 옛 게르만 양조 회사가 사용했던 건물을 2003년에 칭다오 맥주 박물관으로 꾸몄다. 총 3동의 건물을 3개의 관람 구역으로 나누어 칭다오 맥주를 소개하고, 공장에서 갓 생산된 생맥주 2잔을 시음용으로 제공한다. 이 신선한 맥주를 맛보기 위해 박물관에 간다 해도 좋을 만큼 맛있다. 참고로 칭다오 맥주는 생산 3년 만인 1906년에 독일 뮌헨에서 열린 국제 맥주 엑스포에서 금상

을 차지하면서 품질을 인정받았다. 2000년에는 칭다오 맥주 주식회사가 중국의 영향력 있는 기업 10위 안에 선정되었고, 현재 칭다오 맥주는 세계 60여 개국으로 수출되면서 전 세계인의 맥주로 발돋움하였다.

첫 번째 건물

입장권을 구입하여 칭다오 맥주 박물관青岛啤酒博物馆이라고 적힌 보라색 건물로 입장한다. 옛 게르만 양조 회사가 사용했던 건물로, 칭다오 맥주의 110년 역사를 소개하는 전시관이다. 독일인과 영국인이 공장을 세운 초기, 독일이 칭다오에서 물러간 뒤 일본에 회사가 넘어갔던 시기, 1949년 중국의 국영 기업이 되어 칭다오 맥주로 이름을 바꾸었던 시기, 1993년에 칭다오 맥주 주식회사青岛啤酒股份有限公司가 중국 기업으로는 최초로 홍콩 증시에 상장된 시기를 사진과 문서 자료로 소개한다. 더불어 칭다오 맥주 라벨의 변천사와 다양한 종류의 칭다오 맥주가 전시되어 있다.

두 번째 건물

칭다오 맥주의 생산 라인을 관람한다. 초기의 공장 라인과 실험실, 발효 현장, 저장실 등이 차례로 이어진다. 뒤이어 맥주의 발전사를 관람하며 맥주를 시음할 수 있는 공간이 나온다. 직원에게 입장권을 보여 주면 위엔장原浆 1잔과 땅콩 안주 한 봉지를 준다. 위엔장은 마지막 여과 처리를 하지 않은 맥주 원액이다. 효모가 살아 있어서 둔탁하고 진한 금빛을 띠는데 일반 맥주보다 맛이 깊고 진하다. 이어서 여과 생산 라인, 초기 포장 설비, 현대화된 포장 생산 라인을 차례로 관람한 후 술 취한 체험을 할 수 있는 취주소옥醉酒小屋[쭈웨이지우샤오우]에 들어간다. 알딸딸하고 어지러운 게 정말 술에 취한 느낌이 든다.

세 번째 건물

복도로 이어진 세 번째 건물에는 맥주 바와 기념품 매장이 있다. 바에서 입장권을 보여 주면 춘성纯生을 1잔 따라 준다. 춘성은 저온 발효하여 살균하지 않은 공법으로 제조한 맥주다. 탄산이 적고 부드러우면서도 상큼한 맛이 특징이다. 만약 맥주를 더 마시고 싶다면 바에서 돈을 내고 사서 마실 수 있다. 가격은 500ml 기준 위엔장이 15元, 춘성이 10元이다. 핫도그, 감자튀김 등 간단한 안주도 판매한다. 기념품 매장에는 선물용으로 좋은 제품이 가득하다.

TIP 박물관의 쇼핑 아이템, 디자인이 산뜻한 칭다오 맥주 테마 기념품

박물관의 기념품 매장에는 칭다오 맥주 로고를 새긴 맥주잔, 초콜릿, 병따개, 열쇠고리, 손톱깎이 등 디자인이 예쁜 제품이 많다. 대부분 공항 면세점이나 칭다오 맥주 거리에서도 쉽게 살 수 있지만, 박물관에 온 기념으로 많이 구입한다. 인기 상품은 미띠화성蜜滴花生이라 부르는 달콤한 땅콩 안주다. 생맥주를 시음할 때 준 달콤한 땅콩 맛에 반한 여행자들이 돌아가는 길에 몇 상자씩 사 간다.

칭다오 맥주 테마 거리
칭다오 맥주 거리 青島啤酒街 [칭다오 피지우 지에]

주소 青島市 市北区 登州路 **위치** 칭다오 맥주 박물관 참조 **시간** 24시간 **요금** 무료

칭다오 맥주 박물관이 있는 떵저우루登州路가 칭다오 맥주 거리다. 1km 남짓한 거리에 벤치, 쓰레기통, 맨홀 뚜껑까지 칭다오 맥주를 테마로 꾸몄다. 거리를 따라 칭다오 맥주를 파는 음식점 70여 개가 이어진다. 여름이면 식당 앞에 그늘 천막을 치고 노천에서도 영업한다. 현지인들보다는 타지에서 온 여행자들이 이곳의 식당을 즐겨 찾는다. 대체로 음식 값이 비싼 편이지만, 칭다오 맥주를 흑맥주 헤이피黑啤, 스피룰리나 맥주 뤼피綠啤, 순한 생맥주 춘성純生, 맥주 원액 위엔장原浆 등의 생맥주로 즐길 수 있다.

양꼬치가 맛있는 생맥주 전문점
해합리 海哈蜊 [하이하리]

주소 青島市 市北区 登州路 77号 **위치 ❶** 25, 307번 버스 타고 스우쭝(十五中) 정류장 하차 후 도보 7~8분 **❷** 205, 217, 221, 604번 버스 타고 칭다오피지우보우관(青岛啤酒博物馆) 정류장 하차 **시간** 11:30~23:00 **전화** 0532-8272-2227

칭다오 맥주 박물관 맞은편 식당으로, 음식 맛이 좋고 5가지 생맥주를 판매한다. 뤼피綠啤, 춘성純生, 위엔장原浆, 헤이피黑啤, 진마이즈金麥汁 생맥주 중에서 골라 마시는 재미가 있다. 뤼피綠啤는 지구상에서 가장 오래된 조류, 스피룰리나가 첨가된 맥주로, 몸에 쌓인 노폐물을 배출하는 효과가 있다고 한다. 춘성純生은 맛이 부드럽고, 헤이피黑啤는 우리가 흔히 아는 흑맥주다. 위엔장原浆과 진마이즈金麥汁는 맥주 원액으로 효모가 살아있고 맛이 진하다. 생맥주는 500ml 한 잔에 12~35元이고, 가장 고급 생맥주로 꼽히는 진마이즈가 35元으로 가장 비싸다. 안주는 진열해 놓은 각종 해산물과 사진을 보고 주문하면 되는데, 양꼬치가 특히 맛있다.

추천 메뉴

카오양러우환 烤羊肉串	양꼬치
라차오거리 辣炒蛤蜊	매운 조개 볶음
쏸룽샨뻬이 蒜蓉扇贝	저민 마늘과 얇은 당면을 올린 가리비 찜
지아오옌샤후 椒盐虾虎	짭조름하게 볶은 갯가재 (쏙)

사진이 예쁘게 나오는 실내 상업 거리
천막성 天幕城 [티엔무청]

주소 青岛市 市北区 辽宁路 80号 **위치 ❶** 칭다오 맥주 박물관에서 도보 10분 **❷** 221번 버스 타고 떵저우루(瓷州路) 정류장 하차 **시간** 24시간 **요금** 무료

천막성은 2007년 칭다오시에서 실내에 조성한 상업 거리다. 총 460m에 달하는 실내 골목을 따라 칭다오를 대표하는 건축물 20채가 이어진다. 마치 영화 세트장처럼 교오총독부胶澳总督府, 교오 제국 법원胶澳帝国法院, 화석루花石楼 등을 축소해서 지어 놓았다. 벽면에 어떤 건물을 축소한 것인지 중국어와 한국어가 적힌 안내판을 붙여 놓았다. 각 건물에는 식당과 기념품 가게가 입점해 있다. 골목의 천정에는 한낮의 파란 하늘, 노을이 물든 오후의 하늘, 별이 총총한 밤하늘의 그림이 파노라마처럼 이어진다. 천막성의 건물과 천정은 자세히 보면 촌스러운데 사진을

찍으면 예쁘게 나온다. 칭다오 맥주 박물관에서 도보 10분 거리에 있어서 주로 여행자들이 방문한다. 그러나 해가 갈수록 방문객이 줄어서 점점 썰렁해지는 분위기다. 시간이 없으면 건너뛰어도 된다.

주말에 더 흥겨운 골동품 시장
칭다오시 문화 시장 青岛市文化市场 [칭다오스 원화스창]

주소 青岛市 市北区 昌乐路 **위치 ❶** 218, 222, 301, 320, 365번 버스 타고 리진루(利津路) 정류장 하차 후 도보 1분 **❷** 칭다오 맥주 박물관에서 도보 10분 **❸** 천막성에서 도보 5분 **❹** 타이동루 보행가에서 도보 15분 **시간** 24시간

베이징의 판자위엔潘家园을 닮은 골동품 시장이다. 주말에 칭다오에 머문다면 가 볼만하다. 평일보다 훨씬 더 많은 좌판이 아침부터 손님을 맞이한다. 시장에 활기가 가득해서 구경하는 재미가 있다. 노천에서 중고 서적, 그림, 옥기, 도자기, 옛 동전 등을 판매하는데, 상인들은 굳이 오래된 골동품이라고 허풍을 치지도 않는다. 여자들에게는 비즈공예 재료, 남자들에게는 '진강푸티즈金刚菩提子'라고 부르는 루드락샤 나무의 열매가 가장 인기다. 힌두교에서 루드락샤의 열매를 팔찌와 목걸이로 엮어 염주로 사용한다고 한다. 중국인들도 이 열매가 신비로운 능력을 지녔다고 믿어 귀하게 여긴다. 마치 호두처

럼 생겼는데, 크기와 주름의 모양에 따라 가격이 달라진다. 골동품 시장 옆은 창러루 문화 거리昌乐路文化街[창러루 원화지에]다. 매년 정월대보름을 전후해 이 거리에서 무 축제와 탕치우糖球 축제가 성대하게 열린다. 하루에 28만 명이 몰릴 정도로 칭다오에서는 매우 큰 축제이니, 이 기간에 칭다오에 머문다면 참여해 보자.

다채로운 벽화가 재미난 거리

타이동루 상업 보행가 台东路商业步行街 [타이동 샹예 뿌싱지에]

주소 青岛市 市北区 台东路 위치 104, 110, 125, 217, 218, 222, 232, 301, 320번 버스 타고 타이동(台东) 정류장 하차 시간 24시간

우리나라 명동을 연상하게 하는 칭다오 최대 번화가다. 1km 남짓한 타이동싼루台东三路를 따라서 백화점과 디지털기기 판매점, 만달 광장万达广场[완다 광창] 등이 이어진다. 일직선으로 뻗은 타이동싼루台东三路를 포함해 양쪽으로 뻗은 골목까지 구석구석 둘러보면 재미있다. 분식을 좋아한다면 창싱루长兴路 골목을 주목하자. 이 골목에 소규모 음식점과 스낵 매점이 줄줄이 모여 있다. 맥도날드 옆 골목은 오후 4시 이후부터 재미있다. 홍콩의 여인가를 닮은 노천 야시장이 크게

열린다. 양말, 손톱깎이, 옷과 신발, 각종 주방용품을 포함해 생활에 필요한 모든 물건이 총집합해 주인을 기다린다. 타이동루 보행가에 늘어선 건물들도 눈길을 끈다. 건물의 외벽에 대형 벽화를 다채롭게 그려 놓았다. 2008년 칭다오시가 도시 미관 정비 작업의 일환으로 벽화 프로젝트를 진행한 것이다. 중국에서는 가장 큰 도시 벽화 작업으로, 국내 예술가 30여 명이 벽화 디자인에 참여했다고 한다. 총 6만km² 면적에 화려한 벽화가 이어진다.

📌 TIP 다양한 분식 골목, 창싱루长兴路

타이동 상업 보행가台东商业行街라고 적힌 육교에 서서 타이동루를 바라보면 왼쪽 첫 번째 골목이 창싱루이다. 골목 초입에 창싱루 소상품가长兴路小商品街[창싱루 사오상핀지에]라고 적힌 작은 표지판이 있다. 골목에는 이북식 냉면을 파는 렁미엔冷面 가게, 우한의 명물 국수인 러깐미엔热干面 가게, 두부를 발효시켜 튀긴 처우떠우푸臭豆腐 가게, 버블티 전문점, 떡볶이와 치킨을 파는 가게도 있다. 저녁이면 촨촨바串串吧라고 적힌 가게들이 인기다. 쓰촨四川의 청두成都에서 즐겨 먹는 촨촨串串은 '저렴한 훠궈火锅 버전'이라고 보면 된다. 탕에 익혀 먹는 재료를 모두 가느다란 대나무 꼬치에 꽂아서 판매한다. 가격이 훠궈보다 훨씬 저렴해서 중국 20대들이 즐겨 먹는다.

중국판 다이소
미니소 MINISO 名创优品 [밍촹여우핀]

주소 青岛市 市北区 台东三路 58号 **위치** 104, 110, 125, 217, 218, 222, 232, 301, 320번 버스타고 타이 동(台东) 정류장 하차 **시간** 10:30~21:00 **가격** 10元~ **전화** 0532-8361-3665

빨간색 간판에 영문으로 MINISO라고 적혀 있는데, 언뜻 보면 유니클로 로고와 디자인 이 흡사하다는 생각이 든다. 무선 마우스, 블루투스 스피커, 휴대전화 액세서리, 이어폰, 텀블러, 화장품 등 각종 생활용품과 장신구 를 저렴한 가격에 판매하는 곳이다. 디자인 이 심플하고 색감이 예뻐서 사고 싶다는 생 각이 드는 제품이 많다. 이미 다녀온 한국인 들 사이에서 "미니소는 다이소의 짝퉁이 아 니냐?"는 이야기를 할 정도로 판매하는 제품 이나 가격이 비슷하다. 다른 점이라면 미니 소는 18~35세를 주요 고객층으로 삼고, 그 들이 좋아하는 화장품과 장신구 등을 좀 더 다양하게 판매한다. 미니소의 공식 사이트를 보니, 미니소는 일본인 디자이너와 중국 청 년 사업가가 합작해 만든 브랜드라고 한다. 심플하고 자연적인 본질을 중시하며, 우수한

품질의 상품을 10~99元에 내놓겠다는 포 부를 밝히고 있다.

타이완에서 온 건강한 디저트
선우선 鲜芋仙 [시엔위시엔]

주소 青岛市 市北区 台东三路 63号 万达广场(만달 광장) 1F **위치** 104, 110, 125, 217, 218, 222, 232, 301 , 320번 버스 타고 타이동(台东) 정류장 하차 후 만달 광장(万达广场) 1층 **시간** 9:30~22:00(여름), 9:30~ 21:30(겨울) **가격** 20元~(1인 기준) **전화** 0532-8362-7212

타이완에서 온 디저트 전문점이다. 토란 을 반죽해서 경 단처럼 빚은 위 위엔芋圆과 순두부 로 만든 떠우화豆花가 전폭적인 사랑을 받고 있다. 위위엔은 젤리 처럼 쫄깃한 식감이 일품인데 여름에는 차

가운 빙수로, 겨울에는 따뜻한 탕으로 즐겨 먹는다. 디저트하면 달콤한 맛부터 떠올리는 데 이곳의 메뉴들은 달지 않고 담백하다. 부 재료로 팥-홍떠우红豆, 땅콩-화성花生, 고구 마-띠과地瓜, 자줏빛 쌀-쯔미紫米 등 다양한 농작물을 첨가해, 먹고 나면 왠지 건강해질 것만 같다.

양꼬치 맛집으로 소문난 곳

그해 함께 꼬치를 먹었던 곳 那些年一起吃串的地方 [나시에니엔이치츠촨더 띠팡] 🍴

주소 青岛市 市北区 大成路41号 **위치** 104, 110, 125, 217, 218, 232, 301, 320번 버스 타고 타이둥(台东) 정류장 하차 후 도보 6분 **시간** 11:00~23:30 **가격** 100元~(2인 기준) **전화** 176-6405-4680

타이둥루를 여행하고, '양꼬치 엔 칭다오'가 생각난다면 이곳으로 가자. 양꼬치가 맛있기로 현지인들에게 입소문 난 곳이다. 저녁이면 가게 앞에 대기 번호표를 든 연인 또는 친구들이 삼삼오오 모여 화기애애한 분위기가 연출된다. 주문서를 받으면 주요 메뉴는 사진이 있다. 사진 옆에 원하는 꼬치의 개수를 연필로 적으면 된다. 고기뿐 아니라 야채구이도 맛있으니 곁들여 맛을 보자. 특히 가지구이를 추천한다.

추천 메뉴

라오반 양러우촨 老板羊肉串	양꼬치
쭈러우촨 猪肉串	돼지고기 꼬치구이
지핀 하이샤 极品海虾	새우구이
지우차이 韭菜	부추구이
치에쯔 茄子	가지구이

70년 전통의 돼지뼈탕 전문점

만화춘 万和春 [완허춘] 🍴

주소 青岛市 市北区 台东八路 66号(大成路口) **위치** ❶ 타이둥루 보행가에서 치엔촨바이훠(千川百货) 옆 중국은행이 있는 골목을 따라 가다 타이둥빠루(台东八路)에서 오른쪽으로 도보 2~3분 ❷ 독일 풍물 거리, 칭다오시 문화 시장에서 222번 버스 타고 타이둥빠루(台东八路) 정류장 하차 **시간** 9:30~21:30 **가격** 21元~(1인 기준) **전화** 0532-8363-5626

1941년에 문을 연 돼지뼈탕 파이구 미판排骨米饭 전문점이다. 현지인들에게 돼지뼈탕을 먹으려면 이곳에 가라는 말이 있을 정도로, 오랜 세월 동안 사랑받고 있다. 실제로 만화춘에는 아이와 함께 식사하는 현지인들이 많다. 이곳은 간장 소스에 조리한 돼지 등뼈를 밥에 비벼 함께 먹는다. 기본 반찬은 따로 없고, 김치, 오이무침 등의 밑반찬을 5元씩 판매한다. 돼지 등뼈를 좀 더 맛있게 먹으려면 생마늘을 까서 곁들여 먹으면 뒷맛이 훨씬

추천 메뉴

지구샤궈미판 脊骨砂锅米饭	돼지 등뼈 탕과 밥
통구샤궈미판 痛骨砂锅米饭	돼지 등갈비 탕과 밥
하이싼시엔샤궈 海三鲜砂锅	새우, 해삼, 낙지, 두부 배추 등을 넣고 끓인 탕
파오차이 泡菜	배추김치
빤황꽈 拌黄瓜	오이무침

개운하다. 파이구 미판 외에도 여러 가지 뚝배기 요리를 판매하고 있다. 프런트 옆에 진열해 놓은 음식 모형을 가리켜 주문하자.

칭다오의 노량진 수산시장

잉커우루 농산물 시장 营口路农贸市场 [잉커우루 농마오 스창]

주소 青岛市 市北区 台东八路 21号 **위치 ❶** 타이동루 상업 보행가에서 도보 10분 **❷** 232, 306, 307, 372번 버스타고 웨이하이루(威海路) 정류장 하차 **시간** 6:30~19:00 **가격** 10元~

타이동루 상업 보행가에서 가까운 농수산물 시장이다. 대형 건물에 시장 간판이 걸려 있고, 건물 주변으로 과일과 생선을 파는 좌판이 길게 이어진다. 건물 안으로 들어가면 1층에 각종 건어물과 야채, 정육점과 수산물 코너가 가지런히 정렬해 있다. 그중에서도 싱싱한 수산물을 파는 코너가 흥미롭다. 광경은 우리나라 노량진 시장과 크게 다를 바 없지만, 칭다오 사람들은 어떤 수산물을 즐겨 먹는지 구경하는 재미가 있다. 여름보다는 봄, 가을, 겨울에 수산물이 더 다양하다. 술안주로 사랑받는 바지락 '거리蛤蜊'는 1kg에 10~12元 정도, 가을철 통통하게 살이 오른 꽃게 '팡시에螃蟹'는 50元 전후, 살아 있

는 전복 '빠오위鲍鱼'는 크기에 따라 6~12元에 판매한다. 시장에서 직접 수산물을 구입해 맛보는 것이 칭다오 여행에서 누릴 수 있는 특별한 즐거움이다. 잉커우루 농산물 시장 일대에는 손님이 구입한 수산물을 조리해주는 식당인 비주옥啤酒屋이 무척 많다.

손님이 사 온 해산물을 요리해 주는 식당,
비주옥啤酒屋[피지우우]

잉커우루 농산물 시장 주변에는 '맥주 집'이란 뜻의 비주옥啤酒屋 간판이 즐비하다. 손님이 시장에서 구입해 온 해산물을 손질해서 조리해 주고, 생맥주와 병맥주를 파는 식당을 '비주옥'이라고 부른다. 현지인들은 이곳에서 맥주를 즐겨 마신다고 한다. 퇴근길에 시장에서 싱싱한 해산물을 직접 구입해서 비주옥을 방문하는 것이다. 손님이 원하는 방식으로 해산물을 조리해 주는 것을 '하이시엔쟈꽁海鮮加工'이라고 한다. 조리법에 따라 하이시엔쟈꽁의 가격이 다르지만, 보통 해산물 요리 한 가지당 한 근(500g) 기준으로 6~12元, 생선은 손이 많이 가서 15~20元 정도 받는다. 칭다오 사람들의 일상을 체험한다는 마음으로 방문하면 흥미로울 것이다. 각 해산물에 어울리는 아래 조리법을 참조해서 주문하면 맛에서 실패할 확률이 적다. 찜을 좀 더 맛있게 먹으려면 한국이나 칭다오 시내의 대형 마트에서 초고추장을 준비해 가면 좋다.

조리법
라차오辣炒 : 매운 볶음(조개, 새우, 오징어, 갯가재)
칭쩡清蒸 : 찜(꽃게, 굴)
장빠오醬爆 : 간장 소스에 볶음(고둥, 큰 소라)
쉐이주水煮 : 삶음(중간 소라)
여우포油泼 : 익힌 생선에 끓는 기름 끼얹음 (도미)
쏸롱펀쓰쩡蒜蓉粉丝蒸 : 저민 마늘, 가는 당면을 올려 찜(전복, 가리비, 굴)

QINGDAO

칭다오에서 자연이 아름다운 지역

석노인 해수욕장

石老人海水浴场

일대

석노인 해수욕장 일대는 칭다오 동부 해안에 속한다. 이 일대는 굽이진 해안선을 따라 광활한 바다가 펼쳐지고, 산세가 수려한 부산浮山[푸산]이 병풍처럼 길게 펼쳐져서 자연 경관이 아름답다. 관광지를 찾아다니기보다 한가로이 산책을 즐기려는 여행자에게 이곳을 추천한다. 석노인 해수욕장에서 칭다오 해변 조소원과 극지해양세계에 이르기까지, 바다를 바라보며 걷기 좋은 해안 산책로가 4km 이어진다. 도심에서 약간 떨어져 있기 때문에 구시가지와 신시가지의 해변 산책로보다 사람이 적은 것도 장점이다. 극지해양세계 주변에는 바다를 바라보며 커피를 마실 수 있는 카페도 여럿 있다. 최고의 하이라이트는 부산 삼림 공원 트레킹이다. 부산 정상에 오르면 석노인 해변과 칭다오 시내가 책을 펼쳐 놓은 것처럼 한눈에 들어온다.

석노인

라오산 구 인민정부
崂山区人民政府

후이잔풍신역
会展中心

국신 체육관
国信体育馆

인환동루 银川东路

시엔시링루 仙霞岭路

칭다오 디지털 과학 기술 센터
青岛数码科技中心

마오링루역
苗岭路

칭다오시 박물관
青岛市博物馆

맥도날드
麦当劳

스라오런위창역
石老人浴场

스윗 시
甜蜜海洋

석노인 해수욕장
石老人海水浴场

부산 삼림 공원
浮山森林公园

하얏트 리젠시
HYATT REGENCY
青岛鲁商凯悦酒店

동해 88
东海 88

하이안루역
海安路

중국은행
中国银行

금도벽해 산장
金都碧海山庄

청다오 해변 조소원
青岛海滨雕塑园

하이촨루역
海川路

중국해양대학
中国海洋大学

하이여우루역
海游路

안림 커피
安琳咖啡

극지해양세계
极地海洋世界

석노인 해수욕장 일대 BEST COURSE

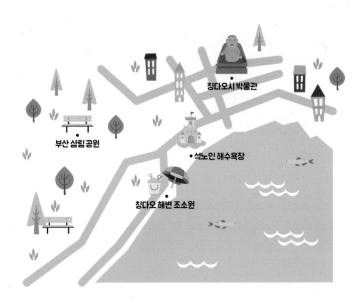

부산 삼림 공원

칭다오시 박물관

석노인 해수욕장

칭다오 해변 조소원

대중적인 코스

호젓한 분위기가 매력적인 코스로, 부산 삼림 공원에서 바라보는 일출이 아름답고, 칭다오 해변 조소원에서 석노인 해수욕장까지 이어지는 빈해 보행도가 호젓한 산책 명소다.

 104, 110, 125, 321번 버스 30분 ···▶

부산 삼림 공원

 317번 버스 20분 or 도보 20분 ···▶

칭다오 해변 조소원

 ◀··· 386번 버스 30분

칭다오시 박물관

석노인 해수욕장

수려한 암벽 산, 산마루에서의 조망이 압권
부산 삼림 공원 浮山森林公园 [푸산 썬린 꽁위엔]

주소 青岛市 崂山区 银川西路 **위치 ❶** 104, 110, 125, 304, 321번 버스 타고 쉬쟈마이다오(徐家麦岛) 정류장 하차 후 칭따이루(青大一路) 따라 도보 15~20분 **❷** 202, 226, 227, 382번 버스 타고 셔훼이푸리위엔(社会福利院) 정류장 하차 후 도보 5~10분 **시간** 24시간 **요금** 무료

9개의 암벽 봉우리가 서로 연결된 부산浮山 [푸산]은 최고봉이 389m다. 산마루에 서면 눈앞에 푸른 바다와 시가지가 광활하게 펼쳐진다. 소어산이나 신호산에서 보는 풍경과는 느낌이 사뭇 다르다. 이곳의 해발이 더 높아서 바다와 도시가 훨씬 더 웅장하게 느껴진다. 특히 해 뜰 무렵이 가장 아름답다. 공원 출입구는 여러 개인데, 산을 쉽게 오르려면 칭따이루青大一路에서 여정을 시작하자. 시내버스를 타고 쉬쟈마이다오徐家麦岛 정류장에서 내렸다면, 부산이 펼쳐진 방향에서 칭따이루라고 적힌 초록색 표지판을 찾자. 2차선 도로인 칭따이루가 부산을 향해 1km 뻗어 있고, 산의 입구까지는 걸어서 15~20분 정도 걸린다. 입구에서 정상까지 오르는 데는 30~40분이면 충분하다. 바닥에 계단이 놓여 있어서 쉽게 오를 수 있는데, 정상에 다다랐을 즈음 계단이 사라지고 10분 정도 흙길이 펼쳐진다. 바닥이 건조해서 미끄러울 수 있으니 주의하자.

예쁜 물고기들이 가득한 수족관
극지해양세계 极地海洋世界 [지띠하이양스지에]

주소 青岛市 崂山区 东海东路 60号 **위치** 102, 317, 504번 버스 타고 지띠하이양스지에(极地海洋世界) 정류장 하차 **시간** 8:30~16:30 **요금** 180元(4~10월), 150元(11~3월)

봄부터 가을까지 가족 단위 여행자가 몰리는 대형 수족관이다. 중국에서 예쁜 물고기와 극지에 사는 해양 동물이 가장 많은 수족관으로 꼽힌다. 내부 인테리어를 어린이들이 좋아하는 동화적인 분위기로 꾸며서, 초등학교 2학년 이하 어린이들과 방문하기 좋다. 가까이에서 북극곰, 바다표범, 흰 고래를 포함해 수천 마리의 해양 동물과 어류를 관찰할 수 있다. 비수기에 방문하면 한층 더 바다 속을 거니는 느낌이 든다. 루쉰 공원 옆에 있는 칭다오 해저세계와 비교하면 이곳 쇼의 구성이 더 알차다. 돌고래 쇼는 하루 세 차례(10:30, 13:30, 15:40), 바다표범 쇼는 하루 두 차례(11:10, 14:50) 공연한다. 단, 7~8월에는 사람이 너무 많아서 제대로 관람하기 어렵다.

분위기와 커피 맛이 모두 좋은 카페

안림 커피 aeleen coffee 安琳咖啡 [안린 카페이]

주소 青岛市 崂山区 东海东路 60号 极地海洋世界商业街 (극지해양세계 상업 거리) 56-4号 **위치 ❶** 102, 317, 504번 버스 타고 지띠하이양스지에 (极地海洋世界) 정류장 하차 후 바다 방면으로 도보 3분 **❷** 칭다오 해변 조소원에서 산책로 도보 20~30분 **시간** 10:00~21:00 **가격** 30元~ (1인 기준) **전화** 0532-8099-2309

극지해양세계에서 해변 산책로 쪽으로 내려오면 거대한 '닻' 조형물이 보인다. 그 조형물 맞은편에 안림 커피가 있다. 이곳은 칭다오에서 커피 맛이 출중하기로 유명하다. 2014년에 열린 중국 바리스타 대회에서 3등을 차지했다. 카페 2층에서 안림 커피 문화원安琳咖啡文化院[안린 카페이 원화위엔]이란 바리스타 과정을 운영하고 있다. 매일 오후 2시부터 4시까지는 '에프터눈 티(afternoon tea)'라는 뜻의 '샤우차下午茶' 메뉴를 판매한다. 바리스타가 직접 추출해 주는 드립 커피 2잔과 달콤한 빵 한 조각을 78元에 선보이는데, 커피 맛

이 정말 좋다. 메뉴판에 한글이 적혀 있어서 주문도 어렵지 않다. 간단하게 아침 겸 점심을 먹는다면 베이글로 만든 샌드위치와 아메리카노를 추천한다.

바다와 조소 작품을 보며 걷는 해변 산책로

칭다오 해변 조소원 青岛海滨雕塑园 [칭다오 하이삔 땨오쑤위엔]

주소 青岛市 崂山区 东海东路 66号 **위치 ❶** 317번 버스 타고 하이롱루(海龙路) 정류장 하차 **❷** 타이동루와 시청, 콥튼 호텔 방면에서 104, 110번, 원양 광장(远洋广场)에서 125번, 그 밖에 102, 382번 버스 타고 하이칭루(海青路) 정류장 하차 후 바다를 향해 도보 7분 **시간** 5:00~20:00 **요금** 무료 (실내조소 예술관 10元)

칭다오 해변 조소원은 극지해양세계에서 석노인 해수욕장까지 바다를 따라 이어지는 해변 산책로의 중간 지점에 있다. 크게 조소 예술관雕塑艺术馆[땨오쑤 이슈관]과 조소 공원雕塑公园[땨오쑤 꿍위엔]으로 나뉜다. 조소 예술관은 실내에 20세기 중국을 대표하는 예술가 35명의 조소 작품 100여 점이 전시돼 있고, 조소 공원은 해변 산책로를 따라 노천에 대형 조소 작품이 전시돼 있다. 여행자가 이곳을 찾는 이유는 대부분 조소 공원을 산책하기 위해서다. 바다를 바라보며 한가로이 산책하고 싶은 여행객들에게는 이곳을 추천한다. 이곳은 밀물과 썰물의 바다 분위기가 다르다. 썰물에는 잿빛으로 드러난 해안 암벽이 멋있다. 썰물을 틈타서 암벽에 붙은 굴이나 작은 게를 재미 삼아 잡는 사람들이 있고, 직접 산책로 밑으로 내려가서 체험해 볼 수도 있다. 밀물일 때는 푸른 바다가 광활하게 펼쳐진다. 산책로를 걸으면서 다양한 조소 작품을 감상하는 것도 소소한 즐거움이다.

칭다오 시내에서 가장 큰 해수욕장

석노인 해수욕장 石老人海水浴场 [스라오런 하이쉐이위창]

주소 青岛市 崂山区 海口路 287号 **위치 ❶** 칭다오시 박물관에서 386번 버스 타고 하이얼루난(海尔路南) 정류장 하차 **❷** 중산 공원과 팔대관, 5·4 광장에서 317번 버스 타고 하이커우루(海口路) 정류장 하차 **❸** 지하철 2호선 스라오런위창(石老人浴场)역 B2출구에서 도보 10분 **시간** 24시간 **요금** 무료

석노인 해수욕장이란 이름은 바다를 바라보고 왼쪽 끝에 있는 바위에서 유래되었다. 높이 17m의 바위가 구부정한 노인을 닮아서 석노인石老人[스라오런]이라고 부른다. 백사장이 3km에 달할 정도로 넓고, 바닷물이 깨끗해서 7월 중순부터 8월까지 엄청난 인파가 이 해수욕장을 찾는다. 만약 이곳에서 수영을 한다면 반드시 해수욕 전용 구역에서만 물놀이를 즐기도록 하자. 해수욕 전용 구역을 벗어나면 바다 속에 매설된 배수구가 많고, 파도가 센 편이어서 위험할 수 있다. 성수기를 제외하면 한적해서 모래성을 쌓거나 백사장을 맨발로 거닐기 좋다. 맑은 날에는 석양이 아름다운 바닷가로도 유명하다.

연인·가족과 함께라면 추천 NO.1

동해 88 东海 88 [똥하이 빠스빠]

주소 青岛市 崂山区 东海东路 88号 凯悦酒店(하얏트 호텔) 1F **위치 ❶** 칭다오시 박물관에서 386번 버스 타고 하이얼루난(海尔路南) 정류장 하차 **❷** 중산 공원과 팔대관, 5·4 광장에서 317번 버스 타고 하이커우루(海口路) 정류장 하차 **❸** 지하철 2호선 스라오런위창(石老人浴场)역 B1출구에서 도보 10분 **시간** 11:00~21:00 **가격** 160위안~(1인 기준) **전화** 0532-8612-0656

하얏트 호텔 1층의 동해88 레스토랑은 고급스러운 분위기와 친절한 서비스, 음식 맛이 좋기로 칭다오에서 정평이 나 있다. 석노인 해수욕장 백사장과 이웃해서 창문으로 보이는 풍경이 아름답고, 여름에는 야외 테라스도 운영한다. 다양한 지역의 요리를 판매하는데, 그중 산동 요리와 오리구이 카오야烤鸭가 유명하다. 조리 시간이 오래 걸리는 오리구이는 전날 예약이 필수다. 과일나무 장작으로 잘 구운 오리구이는 셰프가 직접 테이블 앞에서 3가지 부위로 썰어 준다. 바삭한 껍질, 껍질과 고기를 반반씩, 살코기로 나누어 접시에 담아 준다. 그 밖에 상큼한 깨 소스를 얹은 시금치 요리 쯔마뽀차이芝麻菠菜, 매콤한 닭고기 튀김 라쯔지辣子鸡 등이 맛있다. 메뉴판에 사진과 영어로 요리에 대한 설명이 있어서 주문하기 쉽고, 모든 요리와 주류 및 음료에는 15%의 서비스 요금이 붙는다.

테라스에서 바라보는 전망이 최고인 지중해풍 레스토랑

스윗 시 | Sweet sea 甜蜜海洋 [티엔미 하이양]

주소 青岛市 崂山区 海尔路 87号 金地公寓(금지 빌딩) 2号楼 17F 1701室 **위치 ❶** 칭다오시 박물관에서 386번 버스 타고 하이얼루난(海尔路南) 정류장 하차 ❷ 중산 공원과 팔대관, 5·4 광장에서 317번 버스 타고 하이커우루(海口路) 정류장 하차 ❸ 지하철 2호선 스라오런위창(石老人浴场)역 B1출구에서 도보 8분 **시간** 11:00~19:00 **가격** 100元~(1인 기준) **전화** 0532-6770-3530

석노인 해수욕장 맞은편에 있는 진띠꽁위金地公寓 17층에 있다. 건물 외관이 아파트처럼 생긴 데다 출입구가 어디인지 잘 보이지 않아서 한 번에 찾아가기는 어렵다. 그러나 일단 찾아가면 분위기와 음식 맛이 만족스러운 곳이다. 엘리베이터를 타고 17층에서 내리면 산토리 풍경 사진이 먼저 손님을 반긴다. 실내 인테리어도 산토리의 어느 카페처럼 꾸몄다. 테라스가 이 레스토랑의 자랑이다. 테라스에서 석노인 해수욕장이 한눈에 들어온다. 메뉴 중에서 해산물 리조또와 피자, 수제 아이스크림 그리고 티라미수가 맛있기로 유명하다. 한 가지 아쉬운 점은 음식 양이 적고 가격이 비싼 편이다. 메뉴판

추천 메뉴

주주샤라 主厨沙拉	연어와 야채 샐러드
이따리 하이시엔훼이판 意大利海鲜烩饭	해산물 리조또
이따리 모꾸훼이판 意大利蘑菇烩饭	버섯 리조또
티라미쑤 提拉米苏	티라미수
삥치린 冰淇淋	3가지수제아이스크림

에 요리 사진은 없지만 중국어와 영어 설명이 상세히 적혀 있다.

203

칭다오의 역사와 문물이 한자리에

칭다오시 박물관 青岛市博物馆 [칭다오스 보우관]

주소 青岛市 崂山区 梅岭路 27号 **위치 ❶** 석노인 해수욕장에서 386번, 칭다오역과 시내에서 321번 버스 타고 칭다오보우관(青岛博物馆) 정류장 하차 후 도보 5분 **❷** 지하철 11 호선 후이잔쫑신(会展中心)역 E 출구에서 도보 3분 **시간** 9:00~17:00(16:30 입장 마감) **휴관** 매주 월요일 **요금** 무료 **홈페이지** www.qingdaomuseum.com

평소에는 박물관을 찾는 사람이 많지 않지만, 칭다오 맥주 축제가 개최되는 기간에는 엄청난 인파가 박물관으로 향한다. 왜냐하면 박물관이 맥주 축제가 열리는 장소와 바로 이웃해 있기 때문이다. 칭다오시 박물관은 중국의 성급省级 박물관들과 비교하면, 국보급 유물은 아주 적은 편이다. 그러나 칭다오의 역사를 이해하기에는 좋은 장소다. 옥기,

청동기, 도자기 등을 포함해 총 10여 만 점의 문물을 소장하고 있다. 그중에서 4만여 점이 칭다오 역사와 직접적 관련이 있는 문물이다. 먼저 1층 로비에 있는 2개의 대형 석상을 눈여겨보자. 6세기 북위 시대 때 제작된 석불로, 오뚝한 콧날과 주름 문양이 선명한 가사가 돋보인다. 전시실은 1층부터 3층까지며, 각 층마다 4개의 전시관이 있다.

칭다오 역사 진열관 青岛历史陈列馆 [칭다오 리스 천리에관]

건물 1층과 2층이 칭다오 역사 진열관이며 1층부터 관람을 시작한다. 진시황 동상이 먼저 눈에 들어온다. 진시황은 칭다오 시 황다오 구에 있는 랑야타이琅琊台에 3번 올랐던

것으로 유명하다. 그러나 고대사보다는 근대사가 더 흥미롭다. 칭다오가 독일의 조차지였던 19세기 말을 사진으로 소개하고, 당시의 구시가지 거리를 재현해 놓았다.

명·청대 자기관
明请瓷器馆 [밍칭 츠치관]

3층의 명·청 시대 자기관에는 중국 도자기가 가장 발달했던 명·청 시대 작품이 전시돼 있다. 송나라 때까지는 청자와 백자처럼 단일한 색의 자기가 주를 이루었다면, 명·청 시대에는 화려한 색채를 가미한 채화 자기가 성행했다. 다양한 색채로 표면에 그림을 그린 채화 자기가 많다. 전통의 자기 공예에 회화 예술까지 더해져 아름다움을 뽐낸다.

산동성 민간 목판연화관　山东省民间木版年画馆 [산동성 민지엔 무반니엔화관]

목판연화木版年画는 1천 년의 역사를 가진 중국의 민간 예술이다. 중국인들은 매년 음력설 춘제春节를 맞아 대문과 벽 등에 화려한 색으로 그린 그림을 붙인다. 새해의 풍요와 복을 기원하는 풍습으로, 이런 그림을 연화年画[니엔화]라고 부른다. 연화 속 문신门神은 근엄한 얼굴이지만 어쩐지 만화 속 주인공처럼 친근하다. 산동성 민간 목판연화관 역시 3층에 있다.

고대 공예품관
古代工艺品馆 [구따이 꽁이핀관]

3층의 고대 공예품관에는 최상의 예술적 기교를 자랑하는 공예품들이 전시돼 있다. 정교하게 새긴 칠기漆器, 섬세함이 돋보이는 죽각竹刻 공예, 해외에서 들여온 상아에 세밀하게 조각한 상아象牙 공예 작품 등이 흥미진진하다.

고봉환 서화관
高凤翰书画馆 [까오펑한 슈화관]

고봉환(高凤翰, 1683~1749)은 우리에게 잘 알려진 인물은 아니지만, 청나라 서화가로 중국에서 유명하다. 3층의 전시관에 그가 남긴 걸작들이 전시돼 있다.

QINGDAO

중국 해상 제일의 명산

라오산 嵶山 일대

라오산은 산과 바다가 연결된 풍경이 특별하다. 화강암으로 뒤덮인 라오산의 산세는 우리나라 북한산을 닮았고, 라오산을 둘러싼 해안선의 길이는 87km로, 바다에는 18개의 크고 작은 섬이 떠 있다. 예부터 중국인들은 '타이산의 구름이 아무리 높아도, 동해의 라오산만은 못하다. 泰山何云高 不如东海崂'라는 말로 라오산의 수려함을 예찬했다. 라오산은 도교道教의 명산으로도 유명하고, 칭다오 맥주를 세계에 알리는 데도 큰 몫을 했다. 일찍이 라오산의 깊은 골짜기에서 흘러나온 광천수가 칭다오 맥주의 원료로 사용되었던 것이다. 라오산은 매년 4월 말에서 5월 초 두견화가 필 때, 10월 말에서 11월 중순 단풍이 물들 때 최고로 아름답다. 산 아래 녹차 밭이 어우러진 해안가 마을들도 아름다우니, 시간을 내어 마을을 산책해 보자.

그랜드 메트로파크 호텔
Grand Metropark Hotel
海泉湾维景国际大酒店
해천만 온천
海泉湾温泉

화루 유람구 华楼游览区

베이지우쉐이역
北九水

앙구 유람구
仰口游览区

미천동
觅天洞

천원
天苑

띠아오룽주이춘
雕龙嘴村

북구수 유람구
北九水游览区

화엄사
华严寺

판링
返岭

기판석 유람구
棋盘石游览区

라오산
崂山

거봉 유람구
巨峰游览区

청산어촌
青山渔村

태청 유람구
太清游览区

태청궁
太清宫

대하동 매표소
大河东客服中心

유청 유람구
流清游览区

라오산

라오산 일대 BEST COURSE

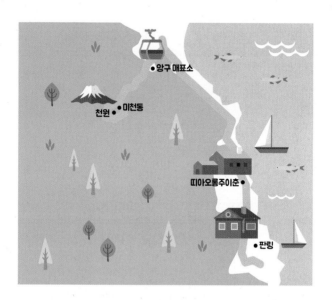

대중적인 코스

라오산을 당일 여행하기에 가장 쉬운 코스로, 산행 시간은 짧지만 산정에서 바라보는 바다 풍경이 수려하고, 해안가의 작지만 예쁜 어촌 마을을 산책해 보자.

라오산은 풍경구의 위치에 따라 칭다오 시내에서 30~40km 떨어져 있다. 시내버스와 시티투어 버스가 라오산 매표소까지 간다. '라오산 입장권 중에서 무엇을 구입할 것이냐?'에 따라 시내에서 타고 갈 버스가 달라진다.

A패키지, B패키지, 거봉 유람구행

시내에서 104, 304번 버스를 타거나, 칭다오 역 남광장 동편에 있는 여행 2층 버스旅游双光巴士[뤼여우 솽꽝 바스] 집합지에서 시티투어 1번都市观光1线을 탄다. 104, 304번 버스의 장점은 요금(1~4元)이 싸고 버스가 자주 있다는 것이다. 시티투어 1번 버스는 성수기에는 8시, 9시, 9시 40분, 10시 15분, 10시 40분 총 5회 출발하고, 비수기에는 횟수가 줄어든다. 요금은 10元(편도)으로 비싸지만 칭다오 해안 도로를 따라가기 때문에 창밖으로 보이는 경치가 아름답다는 것이 장점이다. 시내로 돌아오는 시티투어 1번 버스는 14시, 14시 40분, 15시 20분, 16시에 라오산 매표소 앞에서 출발한다. 두 종류의 버스는 라오산 대하동 매표소大河东客服中心[따허둥 커푸쭝신]까지 1시간에서 1시간 20분쯤 걸린다.

앙구 유람구행

타이동루台东路나 시청市政府[스쩡푸] 맞은편 정류장 또는 콥튼 호텔 앞(까르푸 맞은편)에서 110번 버스를 타거나 칭다오 역 남광장 동편에 있는 여행 2층 버스旅游双光巴士[뤼여우 솽꽝 바스] 집합지에서 시티투어 4번都市观光4线을 탄다. 110번 버스는 30분 간격으로 운행하기 때문에 차를 한 번 놓치면 기다리는 시간이 길다. 요금은 거리에 따라 1~7元을 받는다. 시티투어 4번 버스는 7시 30분, 8시 30분, 9시 20분에 출발하고, 요금은 15元(편도)이다. 시내에서 앙구 유람구까지는 1시간 50분에서 2시간 10분 정도 걸린다. 시티투어 4번은 14시, 15시, 16시에 앙구 매표소 앞을 출발해서 칭다오 역으로 돌아온다. 시티투어 버스는 계절에 따라 출발 시간이 변동되니, 미리 터미널을 방문해서 출발 시간을 확인하거나 전화로 문의하자.

📍 **여행 2층 버스**旅游双光巴士[뤼여우 솽꽝 바스]

전화 0532-8287-6868 **위치** 25, 26, 202, 223, 311, 321, 501번 버스 타고 칭다오훠처짠(青岛火车站) 정류장 하차

내게 어울리는 라오산 루트 선택하기

주소 青岛市 崂山区 沙子口街道 大河东 **시간** 6:00~18:00(4~10월), 7:00~17:00(11~3월) **요금 ❶** A패키지(2일 유효)-유청 유람구+태청 유람구+기판석 유람구+앙구 유람구+셔틀버스 : 130元(4~10월), 100元(11~3월) **❷** B패키지(2일 유효)-A패키지+거봉 유람구+거봉 셔틀버스 : 190元(1~12월) **❸** 앙구 유람구 90元(4~10월), 60元(11~3월) **❹** 거봉 유람구 120元(4~10월), 90元(11~3월) **홈페이지** www.qdlaoshan.cn **전화** 0532-8889-9000

라오산은 총 면적이 446km²로 우리나라 경기도 광주시(430.99km²)보다 넓다. 하루 안에 라오산 전체를 여행하기는 불가능해서 선택과 집중이 필요하다. 라오산은 총 7개의 유람구가 있고, 유람구의 위치에 따라 남부, 중부, 북부 세 개 코스로 나뉜다. 각 코스의 특징을 살펴본 후 자신에게 어울리는 루트를 선택해서 여행하면 된다.

❶ 남부 코스는 유청 유람구流清游览区, 태청 유람구太清游览区, 기판석 유람구棋盘石游览区, 앙구 유람구仰口游览区가 포함된다. 입장권 A패키지에 남부 코스가 전부 포함된다. 이 코스는 도교 사원과 불교 사원이 모여 있어서, 두 종교에 관심 있는 사람에게 어울린다. 아침부터 부지런히 돌면 하루 안에 전부 볼 수 있지만, 풍경을 여유롭게 감상하려면 2일이 필요하다. 만약 산에 오르면서 바다를 감상하는 게 목적이라면 앙구 유람구만 단독으로 입장권을 구입해도 충분히 만족스럽다.

❷ 중부 코스는 라오산 한가운데에 위치한 거봉 유람구巨峰游览区를 가리킨다. 거봉은 라오산의 최고봉(해발 1,133m)으로 일반 여행객보다는 등반이 목적인 사람들이 즐겨 찾는다. 산에 오르기가 앙구 유람구보다 힘들지만 산세와 풍경이 가장 좋다.

❸ 북부 코스는 북구수 유람구北九水游览区와 화루 유람구华楼游览区가 포함된다. 북구수는 폭포를 감상하는 게 목적인데, 여름 외에는 볼 게 없고, 화루 유람구는 여행객이 즐겨 찾는 코스가 아니므로 선택에서 제외한다.

TIP 각 풍경구와 케이블카를 탈 때 입장권을 여러 번 검사한다. 표를 꺼내기 쉬운 곳에 보관하자.

거봉 유람구 巨峰游览区 [쥐펑 여우란취]

시간 6:00~18:00(4~10월), 7:00~17:00(11~3월) **요금** 40元(케이블카 편도)

라오산의 최고봉인 거봉은 해발이 1,133m에 달한다. 현재 거봉은 군사 관리 구역이라 부대가 주둔하고 있는 탓에 정상에는 오를 수 없다. 그럼에도 라오산을 통틀어 산세가 가장 수려하고, 운해와 석양이 아름다운 곳으로 꼽힌다. 이곳을 여행하려면 먼저 대하동 매표소大河东客服中心[따허똥 커푸쭝신]에서 입장권을 구입한 후 거봉행 셔틀버스를 탄다. 셔틀버스로 거봉 유람구 입구까지 40분 정도 걸린다. 셔틀버스에서 내리면 케이블카를 탈지, 계단으로 오를지 결정한다. 등산을 매우 좋아하지 않는다면 케이블카를 타고 산허리까지 올라갈 것을 권한다. 입구에서부터 케이블카 도착 지점까지는 산세가 험하고 풍경이 단조롭기 때문이다. 산허리까지 케이블카로는 20분, 걸어서는 1시간 30분쯤 걸린

다. 케이블카에서 내리면 거봉 둘레길环形游览线路[환싱여우란시엔루]이 시작된다. 오른쪽과 왼쪽으로 길이 갈라지는데, 가급적 오른쪽 길로 걷자. 걸을 때 보이는 풍경이 좀 더 아름답다. 둘레길에서 풍경이 가장 빼어난 구간은 영기봉䂖旗峰[링치펑]이다. 영기봉에서 라오산의 산세가 한눈에 들어온다. 이렇게 여행하는 데는 총 5시간이 걸린다.

태청 유람구 太清游览区 [타이칭 여우란취]

시간 6:00~16:30(4~10월), 7:00~16:30(11~3월) **요금** 45元(케이블카 편도), 80元(케이블카 왕복), 10元(상청궁), 6元(명하동), 27元(태청궁)

등산로를 따라 걷는 동안 용담폭포龙潭瀑布[롱탄푸뿌], 도교 사원인 상청궁上清宫[상칭궁], 명하동明霞洞[밍샤똥]을 차례로 만난다. 등산로가 완만해서 7~10세 어린이도 쉽게 오를 수 있다. 팔수하 광장八水河广场[빠쉐이허 광창]에서 여정을 시작한다. 팔수하 광장에서 명하동까지는 왕복 2시간이면 충분하다. 용담폭포는 가는 물줄기가 다소 실망스러울 수 있지만, 라오산에서 멋진 폭포로 손꼽힌다. 송나라 때 지은 상청궁에는

거대한 은행나무가 있고, 명하동은 과거 무인들의 수련 장소로 유명하다. 등반하기 쉬운 코스지만, 이마저도 귀찮으면 케이블카를 타면 된다. 태청 케이블카太清索道[타이칭 쒀따오]를 타고 내려서 등산로를 따라 20분만 걸으면 명하동에 도착한다. 산 아래 해안가에는 라오산을 대표하는 도교 사원 태청궁太清宫[타이칭궁]이 있다. 관심 있다면 셔틀버스 타고 태청궁으로 가자. 별도의 입장료를 내고 들어가면 주전인 삼황전三皇殿[싼황띠엔]이 있고, 앞뜰에는 한나라 때 심었다는 측백나무가 2,000년 넘게 살아 있다. 태청궁 옆에는 4~10월 중순까지만 운영하는 KFC가 있다.

유청 유람구 流清游览区 [리우칭 여우란취]

유청 유람구는 여행자들이 실제로 여행하는
곳은 아니다. 대하동 매표소大河东客服中心[따
허뚱 커푸쫑신]에서 A패키지 표를 구입하고 셔
틀버스를 타면, 태청 유람구의 팔수하 광장八
水河广场[빠쉐이허 광장]과 태청궁太清宫[타이칭궁]

으로 가게 되는데, 이때 셔틀버스가 달리는
해안 도로가 유청 유람구를 관통한다. 가능
하면 셔틀버스가 달리는 방향에서 오른쪽에
앉자. 그래야 바다 풍경이 잘 보인다.

기판석 유람구 棋盘石游览区 [치판스 여우란취]

시간 6:00~16:30(4~10월), 7:00~16:30(11~3월)

A, B패키지 표를 소지한 여
행자가 이곳에 오려면 태청
유람구의 태청 케이블카太
清索道 탑승 지점 부근에서
셔틀버스를 타거나, 앙구 유
람구에서 셔틀버스를 타야 한
다. 어느 지점에서 오든 20분쯤 걸린다. 두
유람구의 중간 지점에 기판석 유람구가 있
다. 이곳에는 라오산에서 유일한 불교 사원
인 화엄사华严寺[화옌쓰]가 있다. 17세기 청나
라 때 세운 화엄사는 문화 혁명 때 파괴되었
고, 지금의 사원은 1999년에 중건한 것이
다. 화엄사 초입에는 법현法显의 동상과 초
대형 관음보살이 눈길을 끈다. 두 개의 조형
물 뒤로 라오산이 장엄하게 펼쳐지고, 앞으

로는 푸른 바다와 녹차 밭, 어촌 마을이 펼쳐
진다. A패키지에 포함돼 있어서 화엄사를 찾
긴 하지만, 그다지 눈여겨볼 만한 것이 없다.
오히려 해안가에 올망졸망한 마을과 차밭이
시선을 끈다. 원한다면 해안가로 내려가서
마을을 둘러보자.

앙구 유람구 仰口游览区 [양커우 여우란취]

시간 6:00~16:30(4~10월), 7:00~16:30(11~3월) 요금 35元(케이블카 편도), 60元(케이블카 왕복)

거봉 유람구와 더불어 등산 애호가들에게 사랑받는 코스다. 거봉 유람구에 비해 코스가 단조롭지만 이곳을 찾는 여행자가 점점 늘고 있다. 이유는 산을 오르는 내내 등 뒤로 푸른 바다가 펼쳐지기 때문이다. 초입에서 정상까지 걸어서 오른다면 왕복 4시간이 걸린다. 그러나 여행자 대부분은 걷기 대신 케이블카 왕복을 선택한다. 케이블카를 타고 바라보는 산과 바다의 경치가 수려하기 때문이다. 케이블카를 타고 산허리에 내리면 앙구 유람구의 정상인 천원天苑[티엔위엔]까지 산책로를 따라 걷는다. 천원으로 가는 길은 2가지다. 계단을 따라 바깥세상을 바라보며 산을 에돌아 오르거나, 비좁은 동굴인 미천동觅天洞[미티엔똥]을 통과해서 빠르게 오르는 방법 중에서 선택한다. 미천동은 덩치가 큰 사람은 지나기 어렵고, 컴컴하기 때문에 손전등이 필요하다. 천원에 오르면 광활한 바다가 한눈에 들어온다. 단, 비나 눈이 많이 내리면 천원은 폐쇄되기도 한다. 1시간이면 천원을 둘러보고 산허리의 케이블카 탑승 지점으로 되돌아올 수 있다.

TIP 라오산이 품은 보석, 618번 시내버스 타고 떠나는 해안가 마을 여행

라오산의 태청 유람구, 기판석 유람구, 앙구 유람구를 여행하다 보면 산 아래 해안가에 있는 마을이 눈에 띈다. 올망졸망한 마을에 붉은 지붕이 가득하고, 녹차 밭과 푸른 바다가 어우러진 풍경이 무척 아름답다. 문득 '샛길로 빠져 마을 구경이나 할까?'라는 생각이 스친다. 실제로 이런 마음을 실천에 옮긴 여행자가 한둘이 아니었나 보다. 최근에 태청 유람구의 태청 케이블카 탑승 지점 근처 청산 어촌青山渔村[칭산 위춘]이 번듯한 패방을 세우고 관광객을 맞이하고 있다. 해안가 마을을 탐방하고 싶다면 618번 시내버스를 주목하자. 618번은 청산 어촌 마을 앞 야커우岈口 정류장을 출발해 앙구 유람구 매표소 부근까지 운행한다. 총 13km의 해안 도로를 따라 여러 마을에 정차한다. 그중 풍경이 가장 아름다운 구간은 판링返岭 정류장에서 띠아오롱주이춘雕龙嘴村 정류장까지다. 두 구간의 길이는 1.8km로 천천히 걸으면서 마을을 둘러보기에 최적의 코스다. 청산 어촌 앞 야커우 정류장에서 버스를 탔다면 판링에서 내리고, 앙구 유람구에서 버스를 탔다면 띠아오롱주이춘에 내려서 마을 산책을 시작한다. 계단식 밭에서 녹차와 풍성귀가 자라고, 아주 작은 백사장이 나타나기도 하고, 통통배들이 정박해 있는 작은 부두가 나타난다. 걷다 보면 중간에 바다가 길을 막아서 도로 위로 올라서 걸어야 하지만, 누구의 방해도 받지 않고 사색을 즐길 수 있다. 마음껏 사진을 찍으면서 천천히 걸어도 1시간이면 충분하다.

라오산 산행 후 피로 회복 코스, 지모

위치 ❶ 지하철 11호선 쉐이포(水泊)역 하차 A 또는 B출구에서 길 건너 택시 탑승, 기본 요금 ❷ 라오산 앙구 유람구에서 110, 371, 383, 620, 635번 버스 타고 장쟈허(张家河) 정류장 하차 후 길 건너에서 617번 버스 환승(2시간 소요)

해천만 온천 OCEAN SPRING 海泉湾温泉 [하이취엔완 원취엔]

주소 即墨市 滨海大道188号 **요금** 198元 **전화** (0532)8906-8888

지모는 온천이 유명하다. 인체에 유익한 미량의 원소와 광물질을 함유한 온천수가 풍부해서 일찌감치 온천과 호텔이 발달했다. 라오산 앙구 유람구에서 23km 거리에 있어서, 산행을 마치고 피로를 풀러 가기 좋다. 현재 지모에서 시설이 가장 좋은 곳은 해천만 온천海泉湾温泉[하이취엔완 원취엔]이다. 50여 개의 실내 온천탕과 8개의 실외 온천탕을 보유한 대형 워터파크다. 파도 풀장과 미끄럼틀이 있어서 아이들이 놀기 좋고, 다양한 과일과 음료를 무료로 제공한다. 해천만 온천 주위에 대형 아웃렛, 시 푸드 월드, 매일 쇼를 펼치는 천창대극원天创大剧院[티엔창 따쥐위엔], 그랜드 메트로파크 호텔(Grand Metropark Hotel) 등이 대규모 리조트 단지를 이루고 있다. 한자리에서 숙박과 온천, 식사와 쇼핑을 모두 해결할 수 있어서 가족 단위 여행객들이 휴양 삼아 즐겨 찾는다.

QINGDAO

칭다오의 코리아타운
청양 城阳 일대

칭다오 류팅 국제공항에서 4km 떨어진 청양은 '칭다오 속 한국'이라 불린다. 중국에 투자한 우리나라 기업은 칭다오에 가장 많은데, 칭다오에서도 청양에 가장 집중되어 있다. 현재 청양에는 5만여 명의 교민이 거주하고 있으며, 300여 개의 한국 음식점이 있다. 덕분에 청양에서는 중국어를 전혀 몰라도 생활하기에 불편함이 없다. 2015년 11월에는 라오산 구에 있던 주 칭다오 대한민국 총영사관도 이곳으로 이전해 왔다. 그러나 여행 목적으로 칭다오에 왔다면, 청양은 머물기에 좋은 위치는 아니다. 청양에서 5·4 광장이 있는 시내까지 20여 km 떨어져 있고, 시내버스를 타면 1시간 이상 걸린다. 반면 출장차 청양에 온 사람들은 공항에서 택시로 10~15분 거리에 있어서 곧바로 업무를 볼 수 있다.

풍무꿰셩
丰茂串城

가심 운동 공원
街心运动公园

청양 인민회당
城阳人民会堂

밍양루 明阳路

더양루 德阳路

춘양루 春城路

만화춘
万和春

정양루 正阳中路

오렌지 호텔
Orange Hotel
桔子酒店

여씨 흘탑탕
吕氏疙瘩汤

삼보죽점
三宝粥店

노방 국제 풍정가
鲁邦国际风情街

인민 광장
人民广场

이비스
ibis
宜必思

가가원
家佳源

철예방
铁艺坊

오가장 야시장
吴家庄夜市

허양루 和阳路

가가락 마트
家家乐超市

청양 인민 의원
城阳人民医院

양평 해장국
扬平醒酒汤

충양루 崇阳路

공상은행
工商银行

춘화 광장
春和广场

서울 마트
首尔超市

포 포인츠 바이 쉐라톤
FOUR POINTS BY SHERATON
宝龙福朋喜来登酒店

원양루 文阳路

마카오 달러
悦兰亭澳门豆捞

나무 카페
森咖啡

홀리데이 인 칭다오 파크뷰
Holiday Inn Qingdao Parkview
青岛景园假日酒店

씽양루 兴阳路

세기 공원
世纪公园

리양루 礼阳路

청양

청양 일대 BEST COURSE

풍무펜성

노방 국제 풍정가

세기 공원

대중적인 코스

칭다오 속 코리아타운으로, 출장차 청양에 머무는 사람들이 반나절 정도 시간을 내어 돌아보기 좋은 코스다.

세기 공원 ——— 374, 929번 버스 30분 ——→ 노방 국제 풍정가

←— 634, 775번 버스 20분

풍무펜성

청양 교통

시내버스

청양 구에서 5·4 광장이 있는 시내 중심가로 가려면 3개의 버스 노선을 기억해 두자. 먼저 가장 빠른 버스는 502번이다. 청양의 세기 공원世纪公园[스지 꽁위엔]에서 노란색 502번 버스를 타면 종점인 시청市政府[스쩡푸]까지 50분 정도 걸린다. 가가원家佳源[자자위엔] 쇼핑몰이나 이비스 호텔 앞에서 374번 버스를 타면 콥튼 호텔과 까르푸가 있는 푸샨쒀浮山所 정류장, 시청이 있는 스쩡푸市政府 정류장으로 갈 수 있다. 하지만 374번은 중간에 정차하는 정류장이 많아서 1시간 30분 이상 걸린다. 세기 공원世纪公园[스지 꽁위엔]에서 306번 버스를 타면 타이동루 보행가가 있는 타이동台东 정류장, 제1 해수욕장과 팔대관이 가까운 천태 체육관天泰体育场[티엔타이 티위관] 정류장으로 갈 수 있다. 청양을 순환하는 시내버스는 노선 번호가 9로 시작하고, 929번 버스가 청양의 주요 관광지와 쇼핑몰 앞에서 정차해 여행자에게 매우 유용하다.

택시

파란색, 연두색, 주황색 일반 택시는 3km까지 기본 요금이 9元이고, 1km를 초과할 때마다 1.4元씩 올라간다. 검은색 고급 택시는 3km까지 기본 요금이 12元이고, 1km를 초과할 때마다 1.9元씩 올라간다. 칭다오 류팅 국제공항에서 청양까지는 15~20元 정도 나온다.

아침 산책하기에 좋은 명소

세기 공원 世纪公园 [스지 꽁위엔]

주소 青岛市 城阳区 兴阳路 318号 **위치** 306, 374, 502, 634, 642, 906, 917, 929번 버스 타고 스지꽁위엔 (世纪公园) 정류장 하차 **시간** 24시간 **요금** 무료

2008년 베이징 올림픽 때 칭다오에서 요트 경기를 개최했던 것을 기념해 조성한 공원이다. 청양에 머문다면 아침에 산책 삼아 방문할 만하다. 총 면적이 43만m²에 달하는 공원 안에 커다란 호수와 다양한 식물들이 어우러져 있다. 공원의 정식 명칭은 올림픽 조각 공원奥林匹克雕塑公园[아오린피커 따오쑤 꽁위엔]인데, 현지인들은 '세기 공원'이라고 부른다. 공원의 초입에는 베이징 올림픽을 기념하는 조각상이 즐비하다. 중앙에 금·은·동 메달을 상징하는 세 소녀상이 있고, 그 양옆으로 베이징 올림픽에서 금메달을 딴 선수들의 동상이 이어진다. 바닥에는 금메달을 획득한 순서에 따라 선수 51명의 이름과 종목, 고향, 생년월일이 새겨져 있다.

세기 공원을 둘러본 후 쉬어 가기 좋은 곳

나무 카페 na·mu coffee 森咖啡 [썬 카페이]

주소 青岛市 城阳区 长城路 91-1号 **위치** 374, 634, 642, 917, 929번 버스 타고 광까오찬예위엔(广告产业园) 정류장 하차 후 도보 2~3분 **시간** 9:00~22:00 **가격** 23元~ **전화** 0532-8096-1516

마카오 달러와 같은 건물에 있다. 안으로 들어가면 1층부터 3층까지 카페가 이어진다. 1층은 책을 많이 비치해 두어서 북 카페 분위기가 나고, 2층과 3층은 창가에 앉아서 담소를 나누기 좋다. 원두는 매장에서 직접 로스팅 해서 커피를 추출한다. 청양에 사는 한국인들이 애용하는 카페인 만큼 커피가 우리나라 사람 입맛에 잘 맞는다. 커피를 주문하면 한 입 크기의 빵 2개를 서비스로 준다. 세기 공원에서 홀리데이 인 칭다오 파크뷰 호텔 방면으로 걸어서 5~7분이면 올 수 있으니, 공원을 산책한 후에 쉬어 가기 좋다.

깔끔한 분위기의 훠궈 전문점

마카오 달러 MACAO DOLAR 悦兰亭澳门豆捞 [위에란팅 아오먼 떠우라오팡]

주소 青岛市 城阳区 长城路 93-2号 **위치** 374, 634, 642, 917, 929번 버스 타고 광까오찬예위엔(广告产业园) 정류장 하차 후 도보 2~3분 **시간** 10:00~22:00 **가격** 150元~(2인 기준) **전화** 0532-8771-9333

세기 공원과 홀리데이 인 칭다오 파크뷰 호텔 근처의 훠궈 전문점이다. 1인용 냄비에 육수를 제공하고, 20여 가지 소스 재료를 매장 앞쪽에 차려 놓아서 각자 입맛에 맞게 제조해 먹을 수 있다. 중국어가 빽빽하게 적힌 메뉴판이 조금 어렵지만, 추천 메뉴를 참고해 주문하면 된다. 먼저 각자 원하는 육수 꿔디锅底를 고르고, 소스인 장랴오酱料는 인원수대로 주문한다. 고기는 소고기와 양고기 중에서 선택하고, 이곳은 해산물 완자가 유명하니 주문해서 맛을 보자. 두부, 버섯, 야채는 1인분의 절반인 반 접시(원하는 메뉴 옆에 1/2이라고 쓰면 된다)씩 주문하자. 예를 들어 인원이 2명이면 고기 2인분, 완자 1가지, 모둠 버섯, 모둠 야채, 면 1~2인분을 주문하면 배부르게 먹을 수 있다. 계산할 때는 실제 주문한 메뉴와 주문서에 적힌 내용이 일치하는지 꼼꼼히 확인하자. 물수건 사용료로 1인당 2元을 별도로 받는다.

추천 메뉴

쯔부칭탕꿔 滋补清汤锅	담백한 육수
촨스마라꿔 川式麻辣锅	쓰촨식 맵고 얼얼한 육수
쯔쉬엔 티아오랴오 & 샤오차이 自选调料&小菜	인원수만큼 소스 주문
차오위엔 페이니우 草原肥牛	소고기
네이멍 까오양러우 内蒙羔羊肉	양고기
란팅 시엔샤완 兰亭鲜虾丸	새우 완자
하이시엔주허 小海鲜组合	모둠 해산물
똥베이콴펀 东北宽粉	널찍한 당면
진쩐꾸 金针菇	팽이버섯
똥베이헤이무얼 东北黑木耳	목이버섯
쥔꾸 허판 菌菇合盘	모둠 버섯
따바이차이 大白菜	배추
통하오 茼蒿	쑥갓
티엔위엔 슈핀 田园蔬拼	모둠 야채

개운한 한국식 해장국
양평 해장국 扬平醒酒汤 [양핑 싱지우탕]

주소 青岛市 城阳区 青威路 22-3号 위치 374, 901, 902, 903, 909, 913, 929번 버스 타고 따베이취(大北曲) 정류장 하차 후 도보 5분 시간 7:00~22:00 가격 35元~(1인 기준) 전화 0532-6776-0548

음식이 아주 맛있다기보다는 술을 마신 다음 날에 해장하기 좋다. 직원들이 친절하고, 원하는 국 하나만 주문하면 밥, 무김치, 배추김치, 고추와 된장 등을 정갈하게 담아서 내온다. 이곳에서 파는 양평 해장국은 우리나라 양평 해장국 체인점과는 조금 다르다. 국물이 맑고 선지와 콩나물이 듬뿍 들어 있다. 가가원 쇼핑몰을 바라보고 오른쪽 보도블록을 따라 2~3분 정도 걸으면 한국어로 양평 해장국이라고 쓴 간판이 보인다. 메뉴판에는 한국어가 먼저 적혀 있고, 뒤에 중국어로 적혀 있다.

칭다오의 유명 음식점과 초대형 마트가 입점
가가원 家佳源 [쟈쟈위엔]

주소 青岛市 城阳区 正阳路 136号 위치 374, 901, 902, 903, 909, 913, 929번 버스 타고 따베이취(大北曲) 정류장 하차 시간 8:30~22:00

대형 쇼핑몰로 1층은 스타벅스, 2층은 대형 마트, 3층은 칭다오를 대표하는 음식점인 삼보죽점三宝粥店과 여씨 흘탑탕吕氏疙瘩汤 그리고 푸드 코트가 있다. 마트에서 선물을 구입한다면 바이주인 랑야타이琅琊台, 황주인 지모라오지우即墨老酒가 칭다오를 대표하는 술이고, 과자는 포장이 예쁘고 맛도 좋은 펑리수와 아몬드 쿠키가 적당하다. 쇼핑이 끝난 후에 3층에서 식사를 해도 좋다.

주소 青岛市 城阳区 正
阳路 家佳源 (가가원) 3F
위치 374, 901, 902,
903, 909, 913, 929
번 타고 따베이취(大
北曲) 정류장 하차
시간 11:00~21:30
가격 60元~(2인 기준)
전화 0532-8110-
1199

삼보죽점 三宝粥店 [싼바오쩌우띠엔]

삼보죽점은 죽전죽도粥全粥到와 함께 칭다오를 대표하는 죽 전문점이
다. 죽 외에도 각종 쓰촨 요리, 가정식 요리를 판매하고, 가격도 저렴
해서 한 번쯤 먹어 보길 추천한다. 테이블에 종이 메뉴판과 연필이 놓
여 있다. 원하는 메뉴에 체크를 하는 방식인데, 모든 요리에 사진이 첨
부된 것은 아니어서 메뉴를 고르기 어렵다면 추천 메뉴를 참고해서 주
문하자. 달콤한 죽을 원한다면 팥과 마를 넣은 홍떠우산야오쩌우红豆
山药粥가 맛있다. 설탕이 밑에 가라앉아 있으니 골고루 섞이도록 저어
서 먹자. 중국인들은 삭힌 오리알과 돼지고기를 갈아 넣은 피딴셔루러
우쩌우皮蛋瘦肉粥를 즐겨 먹는다. 죽과 함께 먹을 요리 한두 가지를 주
문하면 2명이 배부르게 먹을 수 있다. 가가원 쇼핑몰 3층에 입점해 있
고, 가가원 쇼핑몰 맞은편에도 2층으로 된 삼보죽점이 하나 더 있다.

추천 메뉴

홍떠우산야오쩌우 红豆山药粥	팥과 마를 넣은 달콤한 죽	카오카오 쯔스 쥐커우모 烤烤芝士焗口蘑	밤버섯 치즈 버터구이
피딴셔루러우쩌우 皮蛋瘦肉粥	삭힌 오리알과 간 돼지 고기를 넣은 죽	바이주워 광동 차이신 白灼广东菜芯	시금치를 닮은 야채를 볶은 후 간장 소스를 끼 얹은 요리
란메이산야오 蓝莓山药	블루베리 소스를 끼얹은 삶은 마		

주소 青岛市 城阳区 正
阳路 家佳源 (가가원) 3F
위치 374, 901, 902,
903, 909, 913, 929
번 버스 타고 따베이취
(大北曲) 정류장 하차
시간 11:00~21:30
가격 80元~(2인 기준)
전화 0532-8776-
4537

여씨 흘탑탕　呂氏疙瘩汤 [뤼스 꺼다탕]　🍴

칭다오에 체인점을 여러 개 운영하고 있는 맛집으로 유명하다. 밀가
루 반죽을 쌀알처럼 작게 잘라서 만든 수제비가 맛있다. 그 밖에 다양
한 중국요리를 판매하고, 메뉴판에 사진이 있어서 주문하기가 쉽다.
테이블 위에 종이로 된 메뉴판과 연필이 놓여 있고, 원하는 메뉴에 연
필로 체크해서 직원에게 건네면 된다. 메뉴판 뒷장에 영문으로 꺼다
수프(GEDA SOUP)이라고 적힌 것이 칭다오식 수제비인 꺼다탕疙瘩汤
이다. 자세히 보면 꺼다탕의 가격 뒤에는 '펀份'이라고 적힌 것과 '웨이
位'라고 적힌 것이 있다. 펀은 큰 대접에 많은 양이 나와서 여
자 2명이 나누어 먹기에 적당하고, 웨이는 자그마한
그릇에 담겨 나와서 혼자 먹기에 적당한 양이다. 수
제비와 요리 한두 가지를 주문하면 2명이 식사하
기에 적당하다. 음식이 대체로 간간하다.

칭다오 라오량펀 青岛老凉粉	해조류인 청각으로 묵을 만들어 새콤하게 버무린 요리
슝커우라피 爽口拉皮	땅콩 소스와 식초를 가미한 쫄깃한 면 무침 요리
짜오파이 자샤런 招牌炸虾仁	껍질 벗긴 새우 튀김
따샤차오바이차이 大虾炒白菜	대하와 배추 볶음
탕추리지 糖醋里脊	탕수육
싼시엔 꺼다탕 三鲜疙瘩汤	세 가지 해산물이 들어간 수제비
따샤 꺼다탕 大虾疙瘩汤	대하 수제비

매일 밤 흥겨운 야시장

오가장 야시장 呉家庄夜市 [우쟈쫭 예스]

주소 青岛市 城阳区 正阳路 136号 家佳源 左旁 **위치** 374, 901, 902, 903, 909, 913, 929번 버스 타고 따베이취(大北曲) 정류장 하차 **시간** 17:00~22:00

가가원家佳源[자쟈위엔] 쇼핑몰 왼편에서 매일 오후 5시경에 야시장이 열린다. 규모는 작지만 각종 꼬치구이와 의류를 싸게 판매해서

현지인들이 즐겨 찾는다. 활기찬 야시장 분위기를 느끼기에 제격이니 청양에 머문다면 방문해 보자.

칭다오를 대표하는 돼지뼈탕 전문점

만화춘 万和春 [완허춘]

주소 青岛市 城阳区 正阳路 122号 利群商场美食街 (이군상업미식가) 1F **위치** 374, 901, 902, 903, 909, 913, 929번 버스 타고 따베이취(大北曲) 정류장 하차 후 도보 5분 **시간** 9:30~22:00 **가격** 18元~(1인 기준) **전화** 0532-6696-0322

만화춘 브랜드는 1996년에 칭다오 10대 특색 분식에 꼽힌 데 이어, 2002년에는 칭다오 특색 분식 1위를 차지했다. 삼삼한 간장 육수에 익힌 돼지 등뼈와 돼지갈비뼈를 밥과 함께 판매한다. 메뉴에 적힌 중국어가 생소해서 주문하기가 어렵다면 추천 메뉴를 손가락으로 가리켜서 주문하면 된다. 중국어로 '지구脊骨'라고 부르는 돼지 등뼈는, '레이구肋骨'라고 부르는 돼지갈비뼈보다 크기가 조금 작은 편이다. 프런트에서 메뉴를 주문한 뒤, 음식을 받아서 테이블에 앉아 먹으면 된다. 2층에도 테이블이 있다. 음식을 담아 주는 창구 옆에 배추 초간장 절임과 작은 접시가 있으니, 원하는 만큼 담아서 먹자. 돼지뼈탕은 테이블에 놓여 있는 생마늘을 까서 곁들여 먹으면 느끼하지 않고 훨씬 맛있다.

추천 메뉴

싼콰이 지구 3块脊骨	3개의 돼지 등뼈탕
얼티아오 레이구 2条肋骨	2개의 돼지갈비뼈탕
이레이 얼지 1肋2脊	1개의 돼지갈비뼈와 2개의 돼지 등뼈탕
투떠우 싼콰이 지구 土豆3块脊骨	감자와 3개의 돼지 등뼈탕

노방 국제 풍정가 鲁邦国际风情街 [루빵 궈지 펑칭지에]

주소 青岛市 城阳区 正阳中路与春城路交汇处西南 **위치** 374, 901, 902, 903, 909, 912, 913, 926, 929번 버스 타고 샤오베이취(小北曲) 정류장 하차 후 도보 5분 **시간** 24시간 **요금** 무료

칭다오 시가 2010년에 5억1천만 元을 투자해서 조성한 상업 거리다. 총 8만 9천m² 부지에 아기자기한 유럽풍 건물이 이어진다. 건물 안에는 호텔, 백화점, 카페, 음식점이 입점해 있다. 하지만 찾아오는 사람이 그리 많지 않아 활기찬 분위기는 아니다. 그럼에도 청양에 머문다면 예쁜 사진을 찍기 위해 잠깐 방문하기에 나쁘지 않다. 분위기 좋은 카페와 한식당인 본가本家, 이탈리안 레스토랑 철예방铁艺坊 등은 청양에 사는 현지인들에게 제법 인기다. 노방 국제 풍정가와 이웃한 이비스(宜必思, ibis), 오렌지 호텔(Orange Hotel)은 출장차 청양에 온 한국인이 많이 머무는 숙소다.

주소 城阳区 正阳中路 163-1号 鲁邦风情街 **위치** 374, 901, 902, 903, 909, 913, 926, 929번 버스 타고 샤오베이취(小北曲) 정류장 하차 후 도보 3~5분 **시간** 9:00~22:00(16:30~17:00 휴식) **가격** 180元~(2인 기준) **전화** 0532-8908-1279

철예방 Tie Yi Fang 铁艺坊 [티에이팡]

노방 국제 풍정가 초입에 있는 이탈리안 레스토랑이다. 저녁이면 대형 유리창을 통해 아늑한 분위기의 레스토랑이 한눈에 들어와서 한 번쯤 들어가 보고 싶어진다. 실제로 은은한 조명과 감미로운 음악, 오픈 키친으로 운영하는 매장 안 분위기가 좋다. 화덕에 구운 피자와 스파게티가 레스토랑 대표 메뉴다. 그 밖에 스테이크, 술안주, 디저트 메뉴도 다양하고, 메뉴판에 한국어 설명이 상세히 적혀 있어 주문하기 쉽다. 인원이 2명일 때는 커플 세트(고르곤졸라 피자, 까사샐러드, 부까니엘라, 오렌지에이드, 콜라)를 주문하면 단품으로 주문할 때보다 20元 정도 저렴하다. 아쉬운 점은 고르곤졸라 피자는 치즈의 풍미가 우리나라에서 먹는 것보다 옅고, 치즈의 늘어짐이 거의 없다. 에피타이저로 제공하는 빵이 맛있고, 오이피클이 달지 않고 상큼하다.

양꼬치와 냉면이 맛있는 집

풍무꿤성 丰茂串城 [펑마오촨청] 🍴

주소 青岛市 城阳区 中城路 345号 **위치 ❶** 103, 117, 634, 636, 775, 915번 버스 타고 더양루(德阳路) 정류장 하차 후 도보 3분 **❷** 902, 912, 929번 버스 타고 쩡양루(正阳路) 정류장 하차 후 도보 10분 **시간** 11:00~22:00 **가격** 120元~(2인 기준) **전화** 0532-8702-1616

풍무꿤성은 우리 동포가 많이 사는 엔지延吉에서 처음 문을 연 꼬치구이 전문점이다. 신장 위구르 족의 양꼬치가 쯔란을 많이 뿌린다면, 동북식 꼬치구이인 풍무꿤성의 양꼬치는 고춧가루를 듬뿍 뿌려 매콤한 맛이 좋다. 양고기 외에도 팽이버섯 베이컨말이, 부추구이, 양과 소의 특수 부위, 닭날개 등 다양한 종류의 꼬치를 판매한다. 메뉴판에 사진이 있어 주문하기 쉽고, 식당 분위기도 밝다. 주말에는 사람이 많아서 식사 시간보다 조금 서둘러 가야 자리를 확보할 수 있다. 꼬치구이를 먹은 후에는 냉면이나 온면을 주문해 먹으면 좋다. 따뜻한 온면은 짬뽕처럼 개운하고, 냉면은 새콤하고 시원해서 입가심으로 어울린다.

추천 메뉴

양러우촨 羊肉串	양꼬치
우화러우 五花肉	돼지고기
니우반진 牛板筋	소의 힘줄
카오미엔빠오 烤面包	토스트
우화러우 진쩐꾸쥐엔 五花肉金针菇卷	베이컨 팽이버섯 말이
렁미엔 冷面	냉면
온미엔 温面	온면(매콤한 국수)

228

QINGDAO

해안선이 아름다운 휴양지

황다오 黄岛 일대

황다오는 교주만(胶州湾[지아오저우완] 바다를 사이에 두고 칭다오 시가지와 마주해 있다. 몇 년 전까지만 해도 이곳은 여행자에게 관심 밖의 지역이었다. 그런데 2011년 칭다오와 황다오를 잇는 7.8km의 해저 터널이 뚫리면서 상황이 180도 달라졌다. 버스가 해저 터널을 통과해 두 지역을 10분 만에 연결하자, 황다오가 휴양지로 급부상한 것이다. 황다오에는 그림 같은 해안선이 282km나 이어지고, 해안을 따라 금사탄, 은사탄, 영산만 제1 해수욕장이 청정한 바다와 함께 펼쳐진다. 실제로 해수욕을 즐기기에는 칭다오 시내의 해수욕장들보다 황다오 해수욕장 환경이 훨씬 더 좋다. 야트막한 산이 많아서 공기가 맑고, 각 해수욕장 가까이에는 고급 리조트와 5성급 호텔이 들어서 있다.

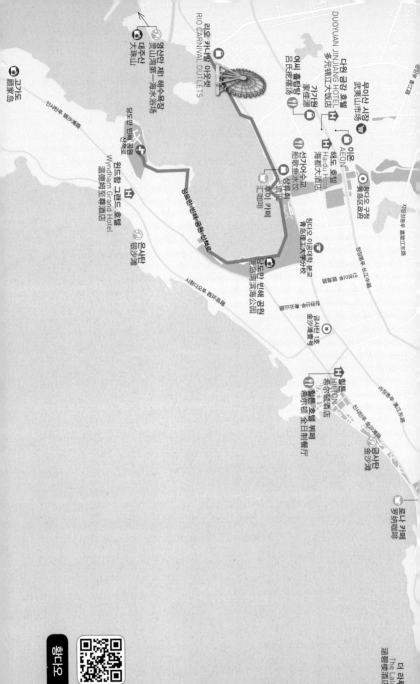

리오 카니발 아웃렛
RIO CARNIVAL OUTLETS

다윈 진장 호텔
DUOYUAN JINJIANG HOTEL
多元锦江大饭店

우이산 시장
武夷山市场

카기원
吕氏疙瘩汤

위씨 쟈쟈탕
吕氏疙瘩汤

이온
AEON

하이두 호텔
Haidu Hotel
海都大酒店

선가이어슈어
船歌鱼水饺

청다오 구청
青岛市区政府

훙이 카페
汇咖啡

청다오 이공대학
青岛理工大学
青岛理工大学分校

윈드햄 그랜드 호텔
Wyndham Grand Hotel
温德姆至尊酒店

인도만 빈해 공원
青岛市滨海公园

진사탄 1호
金沙滩壹号

옌산인 제1 해수욕장
灵山湾第一海水浴场

대주산
大珠山

고기도
顾家岛

진사탄
银沙滩

힐튼
HILTON
希尔顿酒店

힐튼 호텔 뷔페
希尔顿 全日制餐厅

진사탄
金沙滩

더 라루
The Lalu
涵碧楼酒店

로나 카페
罗纳咖啡

황다오 일대 BEST COURSE

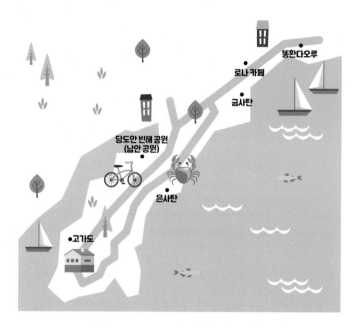

대중적인 코스

해변과 백사장의 아름다움이 응집되어 있는 코스로, 바다에서 직접 해수욕을 하거나 바다를 바라보며 산책 또는 자전거 하이킹의 즐거움을 누릴 수 있다.

똥환다오루 — 808번 버스 30분 → 금사탄 — 도보 5분 → 로나 카페 — 808번 버스 40분 →

고가도 ← 똥추 3번 버스 15분 — 은사탄 ← 도보 20분 — 당도만 빈해 공원 (남안 공원)

황다오 교통

터널버스

총 8개 노선의 터널버스隧道[쑤이따오]가 7.8km의 교주만 해저 터널胶州湾海底隧道[자오저우완 하이띠 쑤이따오]을 통해 칭다오와 황다오를 연결한다. 버스 번호 앞에 중국어로 '터널'을 뜻하는 단어 '隧道'가 붙어서 터널버스라고 부른다. 8개 노선 중에서 여행자는 隧道 1번[쑤이따오 이루], 隧道 2번[쑤이따오 얼루], 隧道 3번[쑤이따오 싼루], 隧道 5번[쑤이따오 우루], 隧道 6번[쑤이따오 리우루], 隧道 7번[쑤이따오 치루]을 주로 이용한다. 이 6개 노선은 칭다오 기차역青岛火车站[칭다오 훠처짠] 부근에서 출발한다. 칭다오역에서 동쪽으로 100m쯤 떨어진 노란색 유럽풍 건물인 서기몽 빈관瑞琪蒙宾馆[루이치멍 삔관] 옆에 터널버스 정류장이 있다. 현재 주변이 지하철 공사 중이라 임시 정류장으로 운영되고 있다. 대부분의 노선이 6시 30분에서 19시 30분까지 운행하고, 隧道 2번[쑤이따오 얼루]만 22시까지 운행한다. 모든 터널버스는 거리에 관계없이 2元이고, 안내원이 없으므로 잔돈을 준비해서 타야 한다.

터널버스와 시내버스의 종점 枢纽站

황다오의 동부와 서부에는 슈니우짠枢纽站이라고 부르는 터널버스와 황다오 시내버스의 종점이 있다. 해저 터널에서 가까운 동부의 설가도 터미널薛家岛枢纽站[쉬에쟈다오 슈니우짠], 해저 터널에서 서쪽으로 28km 떨어진 영산위 터미널灵山卫公交枢纽站[링산웨이 꽁지아오 슈니우짠]이 그것이다. 두 터미널에서 황다오 주요 관광지로 가는 시내버스가 출발하니 기억해 두자.

◉ 설가도 터미널 薛家岛枢纽站 [쉬에쟈다오 슈니우짠]

주소 青岛市 黄岛区 薛家岛枢纽站 **전화** 0532-8685-1249 **위치** 칭다오역에서 隧道 2번, 황다오 시내에서 4, 31, 803번 버스 타고 종점 쉬에쟈다오슈니우짠(薛家岛枢纽站) 정류장 하차

터널버스 隧道 2, 隧道 4번 종점이다. 만약 황다오에서 칭다오로 돌아가는데 19시 30분이 지났다면, 이곳 터미널로 와서 隧道 2번을 타면 된다. 隧道 2번은 22시까지 운행하며, 이곳을 출발해 칭다오역, 잔교, 루쉰 공원, 제1 해수욕장, 천태 체육관天泰体育馆[티엔타이 티위관]까지

간다. 황다오를 운행하는 시내버스 노선 중에는 4번(금사탄, 이온, 가가원, 영산위 터미널), 803번(이온, 무이산 시장)이 여행자에게 매우 유용하다. 808번은 드라이브 삼아 타도 좋다. 808번 버스는 하루 4회(9:00, 10:30, 14:00, 15:30 / 요금 1元) 황다오에서 가장 아름다운 해변 도로인 똥환다오루东环岛路를 일주한다. 단, 808번은 계절에 따라 출발 시간이 변동되니, 정확한 출발 시간은 전화로 확인하는 것이 좋다.

📍 영산위 터미널 灵山卫公交枢纽站 [링산웨이 꽁지아오 슈니우짠]

- -

주소 青岛市 西海岸经济新区 灵山卫公交枢纽站 **위치** 칭다오역에서 隧道 5, 隧道 6, 隧道 7번, 황다오 시내에 4, 21, 37번, 영산만 제1 해수욕장에서 301, 302, 307번 버스 타고 종점 링산웨이 꽁지아오슈니우짠(灵山卫公交枢纽站) 정류장 하차

隧道 5, 隧道 6, 隧道 7번 종점이다. 칭다오역에서 이곳까지 터널버스로 1시간 40분 정도 걸린다. 여행자는 영산만 제1 해수욕장, 대주산에 갈 때 이 터미널에 온다. 이곳에서 출발하는 301, 302, 307번 버스가 영산만 제1 해수욕장으로 간다. 301번은 대주산 북문이 있는 석문사石门寺[스먼쓰]에도 정차한다. 시내버스 4번은 설가도 터미널에서 이곳까지 운행한다.

시내버스
公共汽车

터널버스 8개 노선을 제외하고, 황다오의 일반 시내버스는 황다오 안에서만 운행된다. 요금은 1~2元이고, 잔돈을 준비해서 탄다. 대부분의 시내버스가 5시 50분부터 21시 30까지 운행한다.

택시 出租车

황다오의 모든 관광지는 시내버스로 연결되기 때문에 택시 탈 일이 많지 않다. 일반 택시는 기본 거리 3km까지 9元이고, 그 이후부터 1km마다 1.4元씩 올라간다.

끝 없이 넓은 골든 비치

금사탄 金沙滩[진샤탄]

📷

주소 青岛市 黄岛区 金沙滩路 **위치 ❶** 칭다오역에서 隧道 2번 버스 타고 종점 쉬에쟈다오슈니우짠(薛家岛枢纽站) 정류장 하차, 4번 버스로 환승 후 진샤탄시(金沙滩西) 또는 진샤탄(金沙滩), 옌타이치엔(烟台前), 칭다오샹이샤오(青岛上戋艺校) 정류장 하차 **❷** 7~8월에는 칭다오역(青岛站)에서 동쪽 도로 건너편에 있는 여행 2층 버스(旅游双光巴士) 집산지의 시티투어 2(都市观光2)번을 타고 진샤탄시(金沙滩西) 또는 진샤탄(金沙滩) 정류장에서 하차 **❸** 황다오 시내(이온, 가가원)에서 4번 버스 탑승 **시간** 24시간 **요금** 무료 **전화** 0532-8670-7399

'황금빛 모래'가 넘실대는 백사장이 그림처럼 펼쳐진 금사탄은 폭 300m에 달하는 백사장이 초승달 모양으로 3.5km나 이어진다. 모래가 곱고 바다 수질이 깨끗해서 여름이면 피서 인파가 모여든다. 다행히 백사장이 무척 넓어서 최성수기에도 한적한 공간을 찾을 수 있다. 금사탄 서쪽 해변은 황다오 시내와 힐튼希尔顿[시얼뚠] 호텔에서 가깝고, 동쪽 해변은 로나 카페罗纳咖啡[뤄나 카페이], 칭다오예술학교青岛上戋艺校[칭다오 샹시이샤오]와 가깝다. 여름이면 서쪽 해변에 피서객을 위한 오락 시설과 먹을거리를 파는 노천 시장이 집중되고, 동쪽 해안은 상대적으로 한적하다. 바다를 바라보면서 한가롭게 휴식하고 싶다면 동쪽 해변이 더 좋다. 로나 카페에 앉아서 탁 트인 바다를 감상해도 좋다. 금사탄은 1년 중 가을이 가장 아름답다. 여름에 설치했던 오락 시설을 모두 철거해서 백사장이 더 드넓어 보이기 때문이다. 특히 해 질 녘 황금빛 백사장이 절정의 아름다움을 뽐낸다. 이런 비경은 겨울까지 이어지고, 봄에는 안개가 자주 낀다.

TIP 매년 7월 1일부터 9월 15일까지 해수욕장을 운영한다. 이 기간에는 안전 요원이 7월 1일부터 8월 15일까지는 9시부터 19시까지, 16일부터 9월 15일까지는 9시부터 18시까지 근무한다. 금사탄은 갑자기 거센 파도가 칠 때가 있어서 수영은 반드시 '해수욕 전용 구역游泳区[여우융취]'에서 해야 한다.

경치가 아름다운 똥환다오루东环岛路, 808번 시내버스 타고 드라이브

위치 칭다오역에서 隧道 2번, 황다오 시내에서 4, 31, 32번 버스 타고 쉬에쟈다오슈니우짠(薛家岛枢纽站) 정류장 하차 후 808번 버스로 환승(808번 버스는 하루 4회[9:00, 10:30, 14:00, 15:30] 출발)

설가도 터미널薛家岛枢纽站[쉬에쟈다오 슈니우짠]에서 금사탄으로 이어지는 똥환다오루东环岛路는 낭만이 물씬 피어오른다. 12km의 도로를 따라 한 면은 바다가, 한 면은 산이 펼쳐진다. 차를 타고 달리는 동안 바다 건너로 칭다오 시가지가 보이고, 황다오 해안을 따라 올망졸망한 마을이 나타난다. 808번 버스를 타면 이 아름다운 코스를 단돈 1元에 일주할 수 있다. 여정은 설가도 터미널에서 808번을 타는 것으로 시작한다. 첫 번째 비경은 샹터우象头 정류장에서 깐쉐이완甘水湾 정류장까지 이어진다. 바다 건너 칭다오 구시가지가 한눈에 들어오는 지점이다. 화창한 날에는 5·4 광장이 있는 신시가지까지 선명하게 보인다. 사진을 찍고 싶다면 샹터우 정류장에서 내려 깐쉐이완 방면으로 걸으면서 촬영한다. 특히 깐쉐이완 마을이 칭다오 시가지와 무척 가깝다. 바다를 사이에 두고 5km 떨어져 있는데, 2001년 한 남성이 깐쉐이완에서 칭다오까지 헤엄쳐 건너는 데 성공하면서

깐쉐이완 마을이 덩달아 유명해졌다. 지금은 마을을 개발하려는지 집들을 많이 허문 상태다. 촬영이 끝나면 32번 버스를 타고 설가도 터미널로 돌아가거나, 다음에 오는 808번 버스를 타고 드라이브를 계속 이어간다. 여정을 이어가면 곧이어 쨩툰쭈이张屯嘴 정류장에 도착한다. 이곳에는 칭다오와 황다오를 통틀어 최고로 좋은 리조트 더 라루(The Lalu)가 있다. 뒤이어 금사탄金沙滩 해변, 은사탄银沙滩 해변을 지나 마지막에 고가도顾家岛[꾸쟈다오] 마을에 도착한다. 고가도 마을은 해 질 녘 황다오에서 가장 멋진 사진 촬영 포인트이다.

재료의 신선함을 자랑하는 호텔 뷔페

힐튼 호텔 뷔페 HILTON 希尔顿 全日制餐厅 [시얼뚠 추안르쯔찬팅]

주소 青岛市 黃岛区 经济技术开发区 嘉陵江东路1号(希尔顿酒店大堂) 위치 ❶공항에서 705번 황다오(黃岛)행 공항버스 타고 종점 모타이지우디엔(莫泰酒店) 하차 후 택시로 이동(요금 15~18元) ❷ 칭다오역에서 隧道 5, 隧道 6, 隧道 7번 버스 타고 하이윈쟈위엔(海韵嘉园) 정류장 하차 후 도보 10분 시간 11:30~14:30, 17:30~21:30 가격 218元~(1인기준) 전화 0532-8315-0000

황다오의 골든 비치 금사탄을 여행한 후 저녁 식사하기 좋다. 힐튼 호텔 1층에 있는 뷔페 레스토랑으로, 최고의 장점은 음식 재료가 신선하다는 점이다. 제공하는 해산물은 계절마다 조금 달라지는데 구이와 회로 맛볼 수 있다. 스테이크와 독일식 수제 소시지 및 독일식 족발, 각종 샐러드와 디저트, 초밥도 맛있다.

금사탄이 한눈에 들어오는 카페

로나 카페 RONA CAFE 罗纳咖啡 [뤄나 카페이]

주소 青岛市 黃岛区 金沙滩路 399号, 唐岛湾步行街 2F 위치 ❶황다오 시내(금사탄, 이온, 가가원)에서 4번 버스 타고 칭다오샹시샤오(青岛上戏艺校) 정류장 하차 ❷ 은사탄에서는 东 3번 버스 타고 쟈자위엔(家佳源) 정류장 하차 후 4번 버스로 환승 시간 10:00~24:00 가격 30元~(1인기준) 전화 0532-8670 7678

커피 맛보다 분위기가 더 좋은 카페. 10호 바비큐와 같은 건물 2층에 있는데, 테라스에서 금사탄의 해변이 눈앞에 시원스레 펼쳐진다. 바다를 바라보며 커피를 마셔도 좋지만, 여름에는 시원한 칭다오 맥주가 더 어울린다. 카페라테는 중국인 취향의 맛이다.

대형 마트와 레스토랑이 한자리에
가가원 家佳源 [쟈쟈위엔]

주소 青岛市 黄岛区 长江中路 308号 **위치** 황다오 시내(금사탄, 이온 등)에서 4, 18번, 은사탄에서는 东 3번, 당도만 빈해 공원(북안 공원)에서 31번 버스타고 쟈쟈위엔(家佳源) 정류장 하차 **시간** 9:30~21:30

이온보다 규모가 큰 쇼핑몰로 쇼핑과 식사를 한 번에 해결하기 좋다. 2층에 대형 마트가 있는데, 품목 진열 상태는 이온만큼 눈에 쏙 들어오진 않는다. 그러나 3층에 유명 체인 레스토랑이 대거 입점해 있어서 마트 쇼핑 후 식사까지 일사천리로 해결할 수 있다. 3층에는 산동 요리와 해산물 죽이 맛있는 삼보죽점三宝粥店[싼바오쩌우띠엔], 매콤한 쓰촨 요리 전문점인 천부노마天府老妈[티엔푸라오마], 칭다오식 수제비로 사랑받고 있는 여씨 흘탑탕吕氏疙瘩汤[뤼스 꺼다탕] 등이 있다. 이 식당들은 14시 30분부터 16시 30분까지 문을 닫고 직원 휴식 시간을 갖는다. 1층에는 스타벅스와 아이스크림 전문점인 델리퀸이 있다.

주소 青岛市 黄岛区 长江中路 308号 佳園家(가가원) 3F **위치 ❶** 금사탄, 이온에서 4, 18번, 은사탄에서 东 3번 버스 타고 쟈쟈위엔(家佳源) 정류장 하차 **❷** 당도만 빈해 공원(북안 공원)에서 31번 버스 타고 쟈쟈위엔(家佳源) 정류장 하차 **시간** 11:00~14:00, 16:30~21:00 **가격** 50元~(1인 기준) **전화** 0532-8699-9277

여씨 흘탑탕 　吕氏疙瘩汤 [뤼스 꺼다탕]

꺼다탕疙瘩汤은 칭다오 사람들이 즐겨 먹는 수제비 요리다. 생김새가 수프처럼 걸쭉해서 느끼할 것 같지만 담백하고 깔끔해서 우리 입맛에도 잘 맞는다. 하나를 주문하면 2~3명이 나눠 먹을 수 있을 만큼 양이 많다. 인원이 2명이면 꺼다탕 중에서 한 가지를 선택하고, 요리를 한두 가지 주문하면 한 끼 식사로 충분하다.

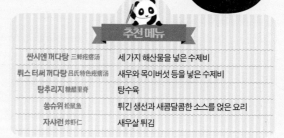

추천 메뉴		
싼시엔 꺼다탕 三鲜疙瘩汤		세 가지 해산물을 넣은 수제비
뤼스 터써 꺼다탕 吕氏特色疙瘩汤		새우와 목이버섯 등을 넣은 수제비
탕추리지 糖醋里脊		탕수육
쏭슈위 松鼠鱼		튀긴 생선과 새콤달콤한 소스를 얹은 요리
쟈샤런 炸虾仁		새우살 튀김

상품 진열이 일목요연한 마트

이온 AEON

주소 青岛市 黄岛区 长江中路 419号 1F **위치** 금사탄에서 4, 18번, 은사탄에서 东 3번 버스 타고 청스꾸이꽌(城市桂冠) 정류장 하차 **시간** 8:30~22:00

황다오에 머문다면 마트 쇼핑을 위해서 한 번쯤 들르게 된다. 시내 중심에 있어 찾아 가기도 쉽다. 무엇보다 여성의 눈높이에 맞춰 물건을 진열한 것이 장점이다. 중국산 제품 외에도 타이완에서 들여온 과자와 찹쌀

떡, 라면 등을 판매한다. 1층은 스타벅스와 KFC, 피자헛이 입점해 있고, 2층은 일본 라면 전문점과 미식 광장이 있다. 미식 광장에서 마라탕麻辣烫, 칭다오식 돼지뼈탕인 파이구미판排骨米饭 등을 저렴하게 먹을 수 있다.

황다오의 노량진 수산 시장

무이산 시장 武夷山市场 [우이산 스장]

주소 青岛市 黄岛区 武夷山 市场 **위치 ❶** 은사탄에서 东 3번 버스 타고 우이산스창(武夷山市场) 정류장 하차 **❷** 금사탄에서 18번 버스 타고 청스꾸이꽌(城市桂冠) 정류장 하차 후 췬타이따지우디엔(群泰大酒店) 방면 도보 10분 **❸** 황다오 시내에서 东 1, 东 7, 22, 803번 버스 타고 우이산스창(武夷山市场) 정류장 하차 **시간** 6:00~18:00

황다오에서 가장 큰 농수산물 시장이다. 특히 지하의 수산 시장은 노량진 수산 시장 버금갈 정도로 규모가 상당하고, 아침부터 저녁까지 손님이 끊이질 않는다. 직접 해산물을 구입해도 좋다. 봄에는 통통하게 살이 오른 삼치와 꽃게, 가을에는 소라와 각종 조개, 낙지, 꽃게가 인기다. 칭다오 사람들이 맥주 안주로 즐겨 먹는 바지락 거리蛤蜊는 1kg에 10元, 전복 빠오위鲍鱼는 크기에 따라 1개에 8~12元, 꽃게는 500g에 35~55元 정도 한다. 해산물을 구입했다면 시장 주변 아무 식당에 들어가서 조리를 부탁하면 된다. 무이산 시장 맞은편 길상 가정 요리관吉祥家

常菜馆(九华山路 1-21号 / 전화 138-6429-8400)이 눈에 잘 띈다. 해산물을 가지고 가서 '하이시엔쟈꽁海鲜加工'이라고 하면, 사 온 해산물에 어울리는 요리를 해 준다. 만약 바가지를 쓸까 걱정되면 먼저 조리 비용加工费[쟈꽁 페이]을 물어보고 요리를 맡기자.

바다를 바라보며 자전거 하이킹

당도만 빈해 공원 唐岛湾滨海公园 [탕다오완 삔하이 꽁위엔]

주소 青岛市 黄岛区 漓江西路 **위치 ①** 칭다오역에서 隧道 5, 隧道 6, 隧道 7번 버스 타고 상리우훼이上流汇(자전거 대여소 밀집) 또는 스여우따쉬에난먼(石油大学南门) 정류장 하차 후 횡단보도 건너 북안 공원 **②** 7~8월에는 칭다오역에서 동쪽 도로 건너편 여행 2층 버스(旅游双光巴士) 집산지에서 시티투어 2(都市观光 2)번 버스 타고 탕다오완삔하이꽁위엔(唐岛湾滨海公园) 정류장 하차 **③** 황다오 시내(7가权园)에서 북안 공원은 6, 27번 버스 타고 스여우따쉬에난먼(石油大学南门) 정류장 하차 **④** 황다오 시내(무이산 시장, 이온 등)에서 남안 공원은 东 3번 버스 타고 인사탄똥(银沙滩东) 정류장 하차 후 도보 15~20분 **시간** 24시간 **요금** 무료(대관람차 50元)

당도만 빈해 공원은 '해상의 서호西湖'라는 별칭이 붙은 해변 공원이다. ⊃ 모양의 당도만唐岛湾[탕다오완] 해안을 따라 공원이 총 10km 이어진다. 항저우의 서호처럼 당도만 빈해 공원도 자전거 하이킹의 천국이다. 해안을 따라 자전거 전용 도로를 완벽하게 갖춰 놓았다. 한 가지 아쉬운 점은 대여용 자전거는 대부분 2~3인용이고, 1인용은 찾아보기 어렵다. 당도만은 당나라 때 해상 요충지로 군대가 주둔했었고, 원나라와 명나라 때는 남부의 식량을 북부로 운반하는 배가 정박하는 해상 교통의 요충지였다. 그 후 20세기 후반까지 진흙으로 뒤덮여 별다른 주목을 받지 못했다가, 2001년에 6억여 元을 투자해 당도만 일대의 환경을 개선했다. 그리고 황다오 시내에서 가까운 북쪽 해안 4.5km를 먼저 공원으로 조성했다. 2012년에 남쪽 해안에도 공원을 조성하여 지금의 규모로 공원이 확장되었다. 두 곳을 합쳐서 당도만 빈해 공원이라고 부른다. 현지인들은 북쪽 해안 공원을 북안 공원北岸公园[베이안 꽁위엔], 남쪽 해안 공원을 남안 공원南岸公园[난안 꽁위엔]이라고 부르기도 한다.

북안 공원 北岸公园 [베이안 꽁위엔]

황다오 시가지와 인접해 있는 북안 공원은 산책로를 따라 대관람차 금도지안琴岛之眼[친다오쯔엔] 방면으로 걷거나 자전거를 타고 달리면 상쾌하다. 썰물일 때와 밀물일 때의 바다 풍경이 사뭇 다르다. 썰물일 때는 갯벌에서 대나무 꼬챙이를 꽂아 갑각류를 잡는 아저씨들을 볼 수 있다. 물론 밀물일 때가 더 아름답다. 대관람차 옆으로 리오 카니발 아웃렛(RIO CARNIVAL OUTLETS)이 있어서 식사를 하거나 카페에서 쉬어 가기 좋다. 대관람차 반대 방향으로 걸으면 4~7세 아이가 좋아할 만한 회전목마 등의 놀이 기구들이 있다. 이 놀이 기구 주변에 자전거 대여점이 밀집해 있다. 자전거 대여료는 시간당 15元이고 보증금押金[야진]은 100元이다. 만약 이 방향으로 걸어왔다면 상류휘上流汇[상리우웨이] 쇼핑몰이 식사하기 좋다.

남안 공원 南岸公园 [난안 꽁위엔]

남안 공원은 은사탄 해변과 인접해 있으며 자연을 테마로 꾸며 놓았다. 특히 습지 체험 구역湿地体现区[스띠 티시엔취]이 볼만하다. 300여 종의 식물이 자라고 있어서 계절마다 다른 꽃을 볼 수 있다. 어린이 전용 썰매와 암벽타기 등의 오락 시설도 있다. 남안 공원 3번 출구에서 남쪽으로 10분 정도 자전거를 타고 가면 은사탄 해변이 나온다. 단, 자전거는 은사탄 백사장 안으로 진입할 수 없다. 남안 공원을 한 바퀴 돌아보는 전동차도 운영 중이다.

2층에 고급 레스토랑이 밀집

상류휘 上流汇 [샹리우훼이]

주소 青岛市 黃島区 武夷山路 1号 **위치** 칭다오역 또는 황다오 시내에서 隧道 5, 隧道 6, 隧道 7, 隧道 8번 버스타고 상리우훼이(上流汇) 정류장 하차 **시간** 9:30~21:30 **가격** 60元~(1인 기준) **전화** 0532-8616-1216

당도만 빈해 공원을 산책하다 출출할 때 방문하기 좋다. 쇼핑몰 공식 이름은 만리 국제 상류휘万利国际上流汇[완리 궈지 샹리우훼이]인데, 줄여서 '상류휘'라고 부른다. 지하 1층은 마트, 지상 2층은 레스토랑이 여러 개 입점해 있다. 커피, 각종 덮밥, 스테이크, 피자, 스파게티 등을 파는 양안 커피两岸咖啡[량안 카페이]

는 비교적 저렴한 가격으로 한 끼 식사를 할 수 있다. 철판 요리 전문점인 천어 철판구이 仟渔铁板烧[치엔위 티에반샤오]는 푸짐하게 저녁 식사를 하기 좋다. 가격(저녁 뷔페 1인 188元)은 다소 비싸지만, 양갈비와 신선한 회를 마음껏 먹을 수 있다.

주소 青岛市 黃島区 武夷山路 1号 万利国际上流汇 8号 2F **위치** 칭다오역 또는 황다오 시내에서 隧道 5, 隧道 6, 道 7번 버스타고 샹리우훼이(上流汇) 정류장 하차 **시간** 9:30~21:30 **가격** 20元~ **전화** 0532-8191-1111

후이 카페 HUUI COFFEE 汇咖啡 [훼이 카페이]

상류휘上流汇[샹리우훼이] 쇼핑몰 2층에 있는 대형 카페다. 간단한 식사와 디저트를 동시에 즐길 수 있어서 당도만 빈해 공원을 산책하다가 들르기 좋다. 천정을 갤러리 삼아 다양한 그림을 걸어둔 것이 독특하다. 햄버거와 샌드위치를 포함해 볶음면, 스파게티, 우동, 신라면 등을 판매한다. 맥주와 위스키를 포함해 과일 음료, 커피 등 디저트가 다양하게 준비되어 있다. 프런트에서 주문을 하면 진동 벨 대신 인형을 준다. 원하는 자리에 인형을 올려놓고 앉아 있으면 직원이 주문한 메뉴를 가져온다. 금연석은 카페에서 가장 안쪽에 있다.

어만두 전문점

선가어수교 船歌鱼水饺 [찬꺼위쉐이자오] 🍴

주소 青岛市 黄岛区 武夷山路 118号 **위치 ❶** 금사탄에서 4, 18번 버스 타고 청스꾸이꽌(城市桂冠) 정류장 하차 후 도보 8~10분 **❷** 무이산 시장에서 22번, 당도만 빈해 공원(북안 공원)에서 305번 버스 타고 진스궈지광창(金石国际广场) 정류장 하차 후 도보 5분 **시간** 11:00~14:30, 16:30~21:30 **가격** 60元~(1인 기준) **전화** 0532-8688-2009

칭다오에서 꼭 맛봐야 할 어만두 전문점이다. 전용 테이블에 그날 들여온 재료를 진열해 놓고 손님이 재료의 신선도를 눈으로 확인 후 주문하는 시스템이다. 이런 주문 방식이 익숙하지 않으면, 추천 메뉴 중에서 손가락으로 가리켜 주문해도 좋다. 만두는 주문과 동시에 빚어서 나오기 때문에 20~30분 정도 걸린다. 만두가 나오기 전에 먹을 요리 한두 가지를 주문하는 게 좋다.

추천 메뉴 🐼

취엔쟈푸 쉐이지아오 全家福鱼饺	삼치, 오징어, 부세 등 4가지 어만두
모위 쉐이지아오 墨鱼水饺	삼치 만두
빠위 쉐이지아오 鲅鱼水饺	오징어 만두
라차오 빠오위 辣炒鲍鱼	매운 전복 볶음
란메이 샨야오 蓝莓山药	삶은 마와 블루베리 소스
나이라오 샨야오 奶酪山药	마 튀김과 연유 소스

세계 각국의 음식이 한자리에

리오 카니발 아웃렛 RIO CARNIVAL OUTLETS 嘉年华澳乐购 🛒

주소 青岛市 黄岛区 漓江西路 1138号 **위치** 황다오 시내(이온, 가가원)에서 2, 7, 26번 버스 타고 스지샹청(世纪商城) 정류장 하차 후 도보 5분 **시간** 10:00~22:00 **가격** 50元~(1인 기준)

2015년 7월에 문을 연 대형 쇼핑 단지로, 당도만 빈해 공원에서 대관람차와 이웃해 있다. 고급 의류를 할인해서 파는 매장들, 어린이를 위한 레고 매장, 실내 스케이트장, 영화관 등이 입점해 있다. 단지가 워낙 커서 절반 정도만 먼저 개장해 아직은 썰렁하다. 현재는 버거킹과 일식점이 영업 중이고, 곧 떡볶이 & 치즈 갈비, 카레 전문점, 스타벅스 등 세계 각국의 음식을 파는 레스토랑들이 문을 열 예정이다. 대관람차 밑에 있는 타이완 버블티 전문점인 차타임(chatime)의 버블티가

맛있다. 차타임 매장에서 통유리창을 통해 바라보는 당도만 빈해 공원이 예쁘다.

석양이 아름다운 어촌 마을
고가도 顾家岛[꾸쟈다오]

주소 青岛市 黄岛区 顾家岛 위치 ❶ 칭다오역에서 隧道 3번 버스 타고 칭윈산루(青云山路) 정류장 하차, 东 3번 버스 환승 후 꾸쟈다오(顾家岛) 정류장 하차 ❷ 황다오 시내(우이산 시장, 이온, 은사탄)에서 东 3번 버스 타고 꾸쟈다오(顾家岛) 정류장 하차

해질녘 바다 풍경이 아름다운 어촌 마을이다. 이름에 '도岛[다오]'가 들어가서 섬이라고 생각하기 쉽지만, 은사탄에서 남쪽으로 3~4km 떨어진 해안가에 있다. 버스에서 내려 사선으로 뻗은 골목을 따라 걸으면 평화로운 어촌 마을이 전개된다. 하늘색으로 벽을 칠하고 붉은 기와를 올린 단층 주택이 촘촘히 이어진다. 골목 끝에 다다르면 황다오에서 가장 오래된 부두가 바다로 뻗어 있다. 뉘엿뉘엿 해가 기울면 자그마한 부두에 마을 주민들이 모여 좌판을 펼쳐 놓고 그날 잡은 생선과 해산물을 판매한다. 고기잡이 나갔던 작은 배들도 부두 주위로 모여든다. 이맘때 바다 풍경이 하루 중 가장 아름답다. 60~70여 척의 배에 중국 국기가 나부끼고, 배 위를 선회하는 갈매기 떼가 붉은 하늘을 수놓는다.

> **TIP** 시간이 있다면 东 3번 버스를 타고 종점 위밍주이(鱼鸣嘴)에서 내린다. 꾸쟈다오 정류장에서 한 정거장 더 가면 위밍주이다. 썰물일 때 위밍주이의 갯벌에서 고가도 부근 바다에 떠 있는 배들을 가깝게 촬영할 수 있다. 썰물일 때 위밍주이에서 꾸쟈다오의 부두까지 갯벌을 걸어서 15~20분이면 갈 수 있다. 매월 보름(음력 15일경)과 그믐(음력 1일경)의 썰물 때 갯벌이 가장 넓게 드러난다.

맨발로 걷기 좋은 실버비치
은사탄 银沙滩[인샤탄]

주소 青岛市 黄岛区 环岛路 银沙滩景区 위치 ❶ 칭다오역에서 隧道 3번 버스 타고 칭윈산루(青云山路) 정류장 하차, 东 3번 버스 환승 후 인사탄똥(银沙滩东) 정류장 하차 ❷ 황다오 시내(우이산 시장, 이온)에서 东 3번 버스 타고 인사탄똥(银沙滩东) 정류장 하차 시간 8:30~19:00(4~10월), 9:30~16:00(11~3월) 요금 무료

은사탄은 금사탄에서 서남쪽으로 5km쯤 떨어져 있다. 활처럼 둥글게 휜 백사장이 2.5km 이어진다. 모래 입자가 금사탄보다 더 곱고, 백사장에 햇볕이 내리쬐면 가느다란 모래가 은빛으로 빛나서 은사탄이라 한다. 백사장이 놀랍도록 평평해서 바닷물이 백사장으로 밀려오는 풍경이 특히 아름답다. 은사탄은 안전하게 바다 수영을 즐길 수 있도록 바다 안에 1,800m에 달하는 상어 침입 방지 그물을 쳐 놓았다. 그러나 한여름에도 이곳을 찾는 피서객은 많지 않다. 백사장 뒤편에 있는 윈드함 그랜드 호텔(Wyndham Grand Hotel) 투숙객이 주로 이용한다. 해수욕장 인근에 당도만 빈해 공원의 습지 체험 구역이 있고, 일대에 다양한 식물을 심어 놓아서 공기가 상쾌하다.

황다오에서 가장 큰 해수욕장

영산만 제1 해수욕장 灵山湾第一海水浴场[링산완 띠이 하이쉐이위창]

주소 青岛市 黄岛区 滨海大道 1288号 **위치 ❶** 칭다오역에서 隧道 5, 隧道 6, 隧道 7번 버스 타고 종점 링샨웨이꽁지아오슈니우짠(灵山卫公交枢纽站) 정류장 하차, 301, 302, 307번 버스 환승 후 푸펑시라이떵지우디엔(福朋喜来登酒店) 또는 청스양타이(城市阳台) 정류장 하차 후 바다 방면 도보 5~10분 **❷** 황다오 시내(금사탄, 이온, 가가원)에서 4번 버스 타고 링샨웨이꽁지아오슈니우짠(灵山卫公交枢纽站) 정류장 하차 후 301, 302, 307번 버스 탑승 **❸** 황다오 시내(이온, 가가원)에서 37번 버스 타고 푸펑시라이떵지우디엔(福朋喜来登店) 정류장 하차(1시간 소요) **시간** 24시간 **요금** 무료

2012년에 개장한 해수욕장으로, 백사장 길이가 무려 5km, 총 면적은 28.5만m²에 달한다. 황다오에서 제일 큰 해수욕장이자, 칭다오와 황다오를 통틀어 샤워장과 화장실 등 편의 시설이 가장 좋은 해수욕장으로 꼽힌다. 수질이 맑고 백사장 모래도 곱고 부드러운데 아직까지는 방문객이 뜸하다. 이유는 거리가 멀기 때문이다. 칭다오역에서 이곳까지 버스로 2시간 30분 이상 걸린다. 그러나 지금의 한가로운 상황은 오래 지속되지 않을 전망이다. 이 일대를 세계적인 관광지로 발전시키겠다는 계획을 추진 중이며, 그 일환으로 영산만 해수욕장 일대에 특급 리조트와 쇼핑몰 단지를 조성하고 있다. 칭다오나 황다오에서 머무는 시간이 길고, 고요한 해변에서 신발을 벗고 하염없이 산책하고 싶은 여행자에게 이곳을 추천한다. 바다에 떠 있는 검푸른 섬을 바라보고 걷노라면, 평

화로운 바닷가 마을에 놀러온 듯하다. 특히 9~10월이 가장 재미있다. 이 시기에는 조수 간만의 차이를 이용해서 대형 그물로 고기를 잡으러 어민들이 해수욕장에 모인다. 썰물일 때를 이용해서 바다로 나간 배가 그물의 앞을 잡고, 백사장에서 어민들이 줄다리기하듯 그물을 끌어당긴다. 긴 시간 동안 힘을 쓰는 고된 작업이라 여행객들이 돕기도 한다. 매년 9월에는 어민들과 여행객이 어울려 이 전통 방식으로 고기 잡는 축제를 개최한다.

> **TIP** 7~8월에는 백사장에서 조개 캐기를 금지하다가 9월부터 다시 허용한다. 이 시기에 썰물을 틈타 백사장 한쪽에서 어민들과 여행객들이 조개를 캔다. 손이 빠른 어민은 1시간 만에 바구니 가득 채울 정도로 잘 잡힌다. 10월까지는 바다에 발을 담가도 춥지 않다.

기암 봉우리들이 재미있는 산
대주산 大珠山 [따주산]

주소 胶南市 滨海街道 办事处 石门寺 **위치 ❶** 북쪽 매표소 – 칭다오역에서 隧道 5, 隧道 6, 隧道 7번 버스 타고 종점 링산웨이꽁지아오슈니우짠(灵山卫公交枢纽站) 정류장 하차, 301번 버스 환승 후 스먼쓰(石门寺) 정류장 하차 후 매표소까지 도보 10분 **❷** 황다오 시내(금사탄, 이온, 가가원)에서 4번 버스 타고 링산웨이꽁지아오슈니우짠(灵山卫公交枢纽站) 정류장 하차 후 **❶** 방법과 동일 **❸** 칭다오역에서 석문사까지 택시로 이동 (요금 180元 정도) **❹** 링산웨이꽁지아오슈니우짠(灵山卫公交枢纽站) 정류장에서 석문사까지 택시로 이동 (요금 50元 정도) **시간** 8:10~18:00 **요금** 40元(3월 16일~10월 15일), 20元(10월 16일~3월 15일) **홈페이지** www.dazhushan.net

대주산은 황다오 제1의 명산이다. 해발은 483m에 불과하지만, 남북의 길이가 25km에 이르는 큰 산이다. 라오산처럼 화강암으로 뒤덮인 산세가 수려하고, 독특하게 생긴 암석이 많아서 감상하는 재미가 있다. 봉우리를 따라 이어지는 산책로가 완만해서 어린이들도 걷기 좋다. 정해진 산책로를 따라 걷기 때문에 길을 잃을까 걱정하지 않아도 되고, 주요 이정표는 한국어가 적혀 있다. 산책로를 따라 걷는 4시간 동안 쉴 새 없이 변화하는 경치가 아름답다. 대주산은 출입구가 두 개다. 북쪽에 있는 석문사石门寺[스먼쓰] 출입구와 동쪽에 있는 주산수곡珠山秀谷[주산시우구]이 그것이다. 여행자는 대부분 북쪽 출입구에서 산행을 시작해 동쪽 출입구로 내려온다. 여정을 반대로 진행해도 되지만, 북쪽 출입구에서 정상 전망대观景台[관징타이]까지 산책로가 더 완만해서 오르기가 쉽다. 동쪽 출입구에서 전망대까지는 다소 경사진 산책로가 이어진다. 북쪽 출입구에서 산책로를 따라 15분 정도 걸으면 석문사가 나온다. 금나라 때 지은 절인데 1940년대 불에 타 잿더미가 된 것을 1995년에 재건했다. 석문사에서 전망대까지는 1시간 40분 정도 걸리고 악어, 코끼리, 멧돼지를 닮은 기암괴석이 차례로 나타난다. 전망대에서 대주산의 수려한 산세가 한눈에 들어온다. 하산하면서 만나는 주산수곡 일대는 봄이면 진달래가 만발한다. 매년 4월 온 산에 진달래꽃이 만발했을 때가 1년 중 가장 아름답기로 유명하다.

> **TIP** 주변에 식당이 없으니, 산에서 먹을 간식을 넉넉히 준비해 간다.

Qingdao

칭다오

추천 숙소

칭다오는 유스호스텔부터 고급 리조트까지 숙소가 다양하게 발달해 있다. 아침저녁으로 한가로이 해변을 산책하고 싶다면 쫑샨루中山路와 석노인 해수욕장 일대의 숙소가 좋고, 식도락 여행을 계획한 여행자는 5·4 광장 일대가 적당하다. 해변 휴양지에 온 느낌으로 여행하고 싶다면 황다오에 머물 것을 추천한다. 황다오의 해수욕장 주변에는 새로 건설한 고급 호텔과 리조트가 여럿 있다. 추천 숙소의 요금은 봄, 가을 시즌 기준이며, 7~8월에는 기준 요금에서 20~30% 정도 상승하고, 겨울에는 10~15% 정도 내려간다.

✓ 숙소의 종류

숙소는 크게 3가지로 분류된다. 도미토리를 운영하는 유스호스텔, 중저가 브랜드의 체인 숙소, 호텔로 분류되는 빈관賓馆[삔관]과 주점酒店[지우디엔]이다. 3가지 숙소의 특징을 알면, 자신의 여행 예산과 취향을 고려해서 숙소를 선택하는 데 도움이 될 것이다.

🏠 유스호스텔

유스호스텔은 중국어로 '궈지칭니엔뤼셔国际青年旅舍'라고 부른다. 주로 도미토리를 이용하려는 여행자들이 유스호스텔을 이용한다. 도미토리를 예약할 때는 남·여 혼실인지, 남성 전용과 여성 전용으로 나누어 운영하는지를 먼저 확인한다. 도미토리는 숙소에 따라 4~10인실까지 규모가 다양하고, 충전할 수 있는 콘센트, 2층 침대, 사물함이 있다. 대부분의 유스호스텔은 도미토리에서 와이파이를 사용할 수 없고, 공용 공간에서만 자유롭게 사용할 수 있다. 유스호스텔에서 운영하는 2인실은 대부분 방음 시설이 좋지 않아서, 조용한 휴식을 원하는 여행자에게는 적합하지 않다.

국제청년여사 www.yhachina.com
호스텔 www.hostelcn.com
호스텔월드 www.korean.hostelworld.com

🏢 중저가 체인 숙소

금강지성锦江之星[진장쯔싱], 이비스宜必思[이비쓰]가 대표적인 중저가 브랜드의 체인 숙소다. 2명이 알뜰하게 여행할 때 머물기 좋다. 요금은 유스호스텔의 2인실과 비슷하고, 객실에서 와이파이를 자유롭게 이용할 수 있으며, 24시간 뜨거운 물이 잘 나온다. 객실의 가구를 최소화하고, 조명을 집처럼 밝게, 전자 제품을 충전할 수 있는 전기 콘센트를 여러 개 설치한 것이 중저가 체인 숙소의 장점이다.

금강지성 www.jinjianginns.com   이비스 www.ibis.cn

🏨 빈관과 주점

중국에서 빈관賓馆과 주점酒店은 호텔을 뜻한다. 그리고 반점饭店[판띠엔]과 대주점大酒店[따지우디엔]이라고 부르는 곳도 여기에 해당된다. 호텔의 등급은 ★로 표시하는데, 외국인 여행자는 주로 3~5성급 호텔을 이용한다. 최근에는 중저가 브랜드의 체인 숙소가 급격히 증가하면서, 3성급 아래의 호텔은 점점 사라져가는 추세다.

✅ 숙소 예약은 어디에서 할까?

예약은 각 숙소 홈페이지를 통해서 할 수 있으나, 가격을 비교하려면 숙소 포털 사이트가 더 유용하다. 특히 3~5성급 호텔을 예약할 때는 숙소 포털 사이트를 적극적으로 활용하자. 같은 호텔이라도 사이트에 따라 요금이 다르고, 이벤트 프로모션을 진행할 때가 있으니 되도록 여러 사이트를 비교해 보자. 중국어를 할 줄 알면 중국 사이트도 유용하다. 훨씬 더 많은 이용자들의 후기를 참고할 수 있고, 중국 사이트는 인터넷에서 예약한 후, 요금은 숙소에 도착해서 지불하는 형태라서 예약과 취소가 쉽다. 단, 중국 사이트에서 예약을 하려면 중국 휴대 전화 번호가 있어야 한다.

숙소 예약 사이트

호텔 패스 www.hotelpass.com   아고다 www.agoda.co.kr   부킹 닷컴 www.booking.com
호텔스 닷컴 kr.hotels.com   씨트립 www.ctrip.co.kr

중국 사이트

취날 www.qunar.com   이롱 www.elong.com

쭝샨루 일대 *Hotel*

테라스 바가 매력적인 유스호스텔
올드 옵저버토리 유스호스텔
Old Observatory 奧博維特国际青年旅舍 [아오보웨이터 궈지 칭니엔뤼셔]

주소 青岛市 市南区 观象二路 21号 观象山公园中心 위치 공항에서 702번 공항버스 타고 스리이위엔(市立医院) 정류장 하차, 버스 타고 온 방향으로 걸어 오르다 횡단보도 건너편 큰 교회 옆 오르막길을 따라 도보 10분 요금 40~60元(도미토리), 168~198元(2인실) 전화 0532-8282-2626

관상산观象山[관상산] 정상에 있는 천문대 건물 절반을 개조해서 2007년에 유스호스텔로 문을 열었다. 칭다오에서 인기 높은 유스호스텔 중 하나로, 20대 중국인과 세계 각국에서 온 배낭 여행자가 즐겨 찾는다. 도미토리는 남·여가 분리돼 있고, 2~3일 지내기에 무난하다. 2인실은 아담하지만 깔끔하게 꾸몄다. 단, 객실에 따라 약간 쾌쾌한 냄새가 나기도 하니, 객실 상태를 먼저 체크하고 요금을 지불하자. 이 숙소는 옥상 테라스 바가 좋다. 커피와 맥주를 팔고, 바에서 붉은 지붕과 푸른 나무에 둘러싸인 칭다오의 구시가지가 한눈에 들어온다.

쭝산루를 걸어서 여행하기 좋은 유스호스텔
포츄네이트 인카운터 유스호스텔
Fortunate Encounter International Youth Hostel 邂逅国际青年旅舍
[시에허우 궈지 칭니엔뤼셔]

주소 青岛市 市南区 肥城路 11号 **위치** 공항에서 702번 공항버스 타고 항콩콰이시엔지우디엔(航空快线酒店) 정류장 하차 **요금** 50元(도미토리), 140~200元(2인실) **전화** 0532-8286-0977

유스호스텔이 저장루 천주교당으로 가는 페이청루肥城路 초입에 있어서, 쭝산루 일대를 걸어서 여행하기에 좋다. 702번 공항버스가 숙소 앞에서 정차하고, 잔교와 피차이위엔까지 걸어서 10분 걸린다. 1층 공용 공간은 깔끔하고 아기자기하게 꾸몄다. 도미토리는 공간이 좁은 편이고, 창문이 없어서 약간 답답하지만 화장실이 딸려 있다. 2인실은 창문의 유무에 따라 가격이 달라지며, 반드시 창문이 있는 객실을 선택해야 지내기가 쾌적하다.

유서 깊은 건물을 개조한 유스호스텔
하버 37 국제 호스텔
Harbor 37 International Hostel 港湾 37 国际宾舍 [강완 싼스치 궈지 삔셔]

주소 青岛市 市南区 馆陶路 37号 **위치 ❶** 공항에서 702번 공항버스 타고 훠처짠(火车站) 정류장 하차 후 택시로 이동(요금 10~12元) **❷** 211, 214, 222번 버스 타고 관타오루(馆陶路) 정류장 하차 후 도보 5분 **❸** 황다오에서 隧道 1, 隧道 5번 버스 타고 따아오꺼우(大窑沟) 정류장 하차 후 도보 5분 **요금** 40~60元(도미토리), 120~220元(2인실) **전화** 0532-5870-3737

독일 풍물 거리에 1927년에 세운 옛 건물을 2013년에 호스텔로 꾸몄다. 도미토리는 남·여를 분리해서 운영하며, 공간이 넉넉하고 창문이 커서 좋다. 2인실은 객실 면적이 넓고, 위층으로 갈수록 요금이 비싸진다. 객실은 중급 호텔 수준으로 꾸몄고, 와이파이가 잘 잡힌다. 독일 풍물 거리 북단에서 214번 버스를 타면 신호산, 천후궁, 루쉰 공원, 제1 해수욕장으로 갈 수 있다.

고풍스러운 옛 건물에 입점한 유스호스텔
차오청 국제 유스호스텔
ChaoCheng International Youth Hostel 巢城青年旅舍 [차오청 칭니엔뤼셔]

주소 青岛市 市南区 馆陶路 28号 위치 ❶ 공항에서 702번 공항버스 타고 훠처짠(火车站) 정류장 하차 후 택시로 이동(요금 10~12元) ❷ 211, 214, 222 버스타고 관타오루(馆陶路) 정류장 하차 후 도보 5분 ❸ 황다오에서 隧道 1, 隧道 5번 버스 타고 따야오꺼우(大窑沟) 정류장 하차 후 도보 5분 요금 50~75元(도미토리), 188~198元(2인실) 홈페이지 www.qdchaocheng.com 전화 0532-8282-5198

독일 풍물 거리에서 가장 유명한 건축물 중 하나다. 1925년에 덴마크 보륭 양행宝隆洋行[바오룽양항] 무역 회사가 사용했던 건물을 유스호스텔로 꾸몄다. 도미토리는 4~8인실로 남·여를 분리해서 운영하고, 창문이 있어 햇볕이 잘 든다. 공동 샤워 시설은 남·여 모두 지하에 있으며 전반적으로 깔끔하다. 저녁 때 1층 바에서 가끔 라이브 공연을 펼치기도 한다. 수준 높은 공연은 아니지만, 바의 분위기가 좋아서 맥주 등 술 한잔하기 좋다.

잔교 일대에서 최상의 위치
오션와이드 엘리트 호텔
OCEANWIDE ELITE HOTEL 泛海名人酒店 [판하이 밍런 지우디엔]

주소 青岛市 市南区 太平路 29号 위치 ❶ 공항에서 702번 공항버스 타고 칭다오 훠처짠(青岛火车站) 정류장 하차 후 잔교 방면 타이핑루(太平路) 따라 도보 10분 ❷ 26, 214, 223, 316번 버스 타고 칭다오 훠처짠(青岛火车站) 정류장 하차 또는 220번 버스 타고 짠치아오(栈桥) 정류장 하차 후 타이핑루(太平路) 따라 도보 5~10분 요금 389~580元(2인실) 전화 0532-8299-6699

호텔 밖으로 나오면 길 건너에 바로 바다가 펼쳐진다. 잔교가 한눈에 들어오는 4성급 호텔로, 구시가지에 머문다면 최적의 위치라 할 수 있다. 칭다오 역과 잔교에서 가깝고, 시내버스 정류장이 가까이에 있다. 그러나 객실은 2005년 이후로 리노베이션을 하지 않아서 다소 낡았다. 객실은 층이 높을수록, 창문에서 바다가 잘 보일수록 요금이 비싸다. 특가로 판매하는 객실은 창문이 없는 경우도 있으니, 예약할 때 반드시 창문의 유무를 확인하자. 직원들이 친절하고, 조식을 포함시키면 메뉴가 다양한 뷔페를 즐길 수 있다.

호텔 앞이 바로 바다

잔치아오 프린스 호텔

Zhan Qiao PRINCE HOTEL　栈桥王子饭店 [짠치아오 왕즈 판디엔] 🏠

주소 青岛市 市南区 太平路 31号 **위치 ❶** 공항에서 702번 공항버스 타고 칭다오 훠처짠(青岛火车站) 정류장 하차 후 잔교 방면 타이핑루(太平路) 따라 도보 10분 **❷** 26, 214, 223, 316번 버스 타고 칭다오 훠처짠(青岛火车站) 정류장 하차 또는 220번 버스 타고 짠치아오(栈桥) 정류장 하차 후 타이핑루(太平路) 따라 도보 5~10분 **요금** 399~529元(2인실) **전화** 0532-8288-8666

20세기 초 독일의 유명 건축가가 설계한 건물을 2008년 호텔로 꾸몄다. 오션와이드 엘리트 호텔과 이웃해 있으며 잔교와 칭다오역에서 매우 가깝다. 4성급 호텔로 바다가 한눈에 들어오는 전망 때문에 인기가 높다. 저렴한 객실을 예약할 때는 창문의 유무와 객실의 위치를 반드시 확인해야 한다. 가장 저렴한 객실은 지하에 있고, 공간이 아담하며, 창문이 없다. 객실은 위층으로 올라갈수록, 바다 전망이 잘 보일수록 요금이 비싸고,

조식 뷔페는 중국인 입맛으로 차려지며 종류가 다양하지 않다.

팔대관 일대

예쁜 골목을 산책하기 좋은 위치

798 유스호스텔

798 Youth Hostel　798 国际青年旅舍 [치지우빠 궈지 칭니엔뤼셔] (海景店) 🏠

주소 青岛市 市南区 莱阳路 19号, 鲁迅公园对面 **위치** 공항에서 702번 공항버스 타고 칭다오 훠처짠(青岛火车站) 정류장 하차, 26, 202, 214, 223, 228, 231, 311, 321번 버스로 환승 후 루쉰공위엔(鲁迅公园) 정류장 하차 **요금** 40~60元(도미토리), 120元(2인실) **전화** 0532-8079-8798

유스호스텔이 루쉰 공원 맞은편에 있어서, 산책을 좋아하는 여행자에게 어울린다. 아침 일찍 소어산에 올라가 전망을 감상해도 좋고, 진커우이루金口一路 골목을 산책하기 좋다. 도미토리는 남·여 혼실(10~12인실)과 남·여를 분리한 객실(10, 6, 4인실)을 나누어 운영하고 있다. 단점은 숙소 주변에 식당이 많지 않다는 것이다. 다행히 숙소 근처 시내

버스 정류장에서 구시가지와 신시가지를 잇는 버스가 대거 정차한다.

해수욕하기에 최적의 위치

후이취안 다이너스티 호텔
HUIQUAN DYNASTY HOTEL 汇泉王朝大酒店 [훼이취엔 왕차오 지우디엔]

주소 青岛市 市南区 南海路 9号(第一海水浴场旁) **위치 ❶** 공항에서 702번 공항버스 타고 칭다오 훠처짠(青岛火车站) 정류장 하차, 26, 223, 501번 버스로 환승 후 하이쉐이위창(海水浴场) 정류장 하차 후 도보 5~7분 ❷ 202, 214, 219, 223, 228번 버스 타고 하이쉐이위창(海水浴场) 정류장 하차 후 도보 5~7분 ❸ 302번 버스 타고 난하이루(南海路) 정류장 하차 **요금** 520元~(2인실) **전화** 0532-8299-9888

1979년에 문을 연 5성급 호텔이다. 호텔에서 횡단보도만 건너면 제1 해수욕장이고, 소어산, 루쉰 공원, 중산 공원, 팔대관을 걸어서 10~15분이면 갈 수 있다. 이 호텔은 25층 회전식 레스토랑에서 전망을 감상하며 조식을 먹을 수 있다는 것이 최대 장점이다. 객실은 2011년에 리노베이션했지만, 아주 세련된 분위기는 아니다. 호텔을 나와서 해수욕장을 바라보고 왼쪽 우창루武昌路를 따라 5분 정도 걸으면 천태 체육관天泰体育馆[티엔타이티위관]이 있다. 이곳에서 31번 버스를 타면 신시가지에 있는 세계무역센터, 5·4 광장, 원양 광장远洋广场[웬양광창]에 정차한다.

5·4 광장 일대

Hotel

교통이 편리한 저가 체인 숙소

금강지성 JINJIANG INN 锦江之星 [진장쯔싱] (南京路店)

주소 青岛市 市南区 南京路 100号 **위치** 공항에서 701번 공항버스 타고 푸산쒀(浮山所) 정류장 하차 후 까르푸를 바라보고 오른쪽 대로에서 횡단보도를 건너 26, 33, 125, 319번 버스로 환승 후 얼쭝펀샤오(二中分校) 정류장 하차 후 도보 5분 **요금** 179~289元(2인실) **홈페이지** www.jinjianginns.com **전화** 0532-8310-7999

신시가지에서 저렴하게 머물 수 있는 숙소여서 비수기에도 손님이 많다. 성수기에는 1~2주 전 예약이 필수다. 객실은 지내기에 무난하고 와이파이가 잘 잡힌다. 간혹 비수기에는 아침에 뜨거운 물이 미지근하게 나올 때가 있다. 숙소 주위에 시내버스 정류장이 여러 개 있고 구시가지, 타이동루, 잠산사 등으로 가는 버스가 여러 대 정차한다. 숙소 1층의 식당에서 18元으로 조식이 가능하고,

저녁에 판매하는 각종 해산물 요리도 맛있다. 숙소 옆에 있는 창의 100 산업원创意 100产业园[창이 이바이 찬예위엔]에는 카페와 공방이 입점해 있어서 구경 삼아 방문하기 좋다.

이온 몰 맞은편 중저가 숙소

전계주점 全季酒店 [취엔지 지우디엔] (香港中路店)

주소 青岛市 市南区 香港中路 43号 **위치 ❶** 공항에서 701번 공항버스 타고 푸산쒀(浮山所) 정류장 하차 후 도보 8분 **❷** 31, 33, 125, 208, 225, 232, 311, 321번 버스 타고 웬양 광창(远洋广场) 정류장 하차 후 도보 5분 **요금** 360~420元(2인실) **전화** 0532-8091-0000

올림픽 요트 센터와 이온 (AEON) 몰, 윈샤오루 미식 거리를 걸어가기 좋은 위치에 있다. 버스를 타고 원양 광장远洋广场에서 내리면 걸어서 2~3분 거리에 있다. 화교 국제 반점과 같은 건물을 반을 나누어 사용한다. 2013년에 개업한 전계주점의 객실이 화교 국제 반점보다 더 현대적이다. 전계주점은 중국 전역에 체인을 운영하는 숙소로, 객실 수준은 3성급과 4성급 호텔의 중간 정도 된

다. 저렴한 객실은 창문이 없는 경우가 있으니, 반드시 확인하고 투숙하자.

아이들과 지내기 좋은 중저가 숙소

오렌지 호텔 Orange Hotel 桔子酒店 [쥐즈 지우디엔] (五四广场店)

주소 青岛市 市南区 东海西路 32号 **위치 ❶** 공항에서 701번 공항버스 타고 푸산쒀(浮山所) 정류장 하차 후 도보 5분 **❷** 231, 317번 버스 타고 푸쩌우루난짠(福州路南站) 하차 후 도보 3분 **❸** 31, 104, 224, 311, 312, 374번 버스 타고 푸산쒀(浮山所) 정류장 하차 후 도보 5분 **요금** 378~668元(2인실) **전화** 0532-8573-6161

5·4 광장과 올림픽 요트 센터 그리고 까르푸에서 가까운 호텔이다. 영어를 구사하는 직원이 있고, 객실 인테리어가 세련되며 침대 쿠션이 좋다. 24시간 내내 뜨거운 물이 펑펑 잘 나오며, 한겨울에도 따뜻하게 지내도록 온풍 시설이 잘 되어 있다. 숙소에서 이온 (AEON) 몰, 해신 광장, 마리나 시티 몰까지 걸어서 5~10분이면 갈 수 있다. 숙소 바로 앞 버스 정류장에서는 석노인 해수욕장과 극지해양세계로 가는 317번 버스를 타기 편리하고, 잔교나 쭝샨루로 가는 버스는 까르푸 앞에서 타면 된다.

신시가지에서 환상적인 위치

콥튼 호텔 COPTHORNE HOTEL 国敦大酒店 [궈뚠 따지우디엔]

주소 青島市 市南區 香港中路 28号 **위치 ❶** 공항에서 701번 공항버스 타고 푸샨쒀(浮山所) 정류장 하차 후 **❷** 31, 104, 110, 224, 312, 501번 버스 타고 푸샨쒀(浮山所) 정류장 하차 **요금** 568~689元 **전화** 0532-8668-1688

시내 중심에 있는 까르푸 맞은편에 있다. 1997년에 문을 연 4성급 호텔로, 위치 면에서는 매우 이상적인 곳이다. 701번 공항버스가 숙소 앞에서 정차한다. 숙소 바로 앞 정류장에서 라오산으로 가는 104, 110번 버스를 탈 수도 있다. 5·4 광장과 올림픽 요트 센터, 이온(AEON) 몰, 윈샤오루 미식 거리 등은 걸어서 갈 수 있으며, 구시가지로 가는 버스는 길 건너 까르푸 앞에서 타면 된다. 단점은 2007년 이후로 리노베이션을 새로 하지 않아서 객실이 좀 낡았다. 방음이 잘 되지 않아 옆방에서 TV를 크게 틀면 잠을 설칠 수도 있다.

휴양하기 좋은 5성급 호텔

인터 컨티넨탈 INTER CONTINENTAL 海尔洲际酒店 [하이얼쩌우지 지우디엔]

주소 青島市 市南區 澳门路 98号 **위치 ❶** 공항에서 701번 공항버스 타고 푸샨쒀(浮山所) 정류장 하차 후 택시로 이동(기본 요금) **❷** 231번 버스 타고 아오판지띠(奥帆基地) 정류장 하차 후 도보 5분 **요금** 1,098~2,580元 **전화** 0532-6656-6666

여행과 호텔에서 휴양을 겸하려는 여행자에게 어울리는 5성급 호텔이다. 넓은 실내 수영장이 있어서 아이들과 함께 떠나는 가족 여행 숙소로도 잘 어울린다. 5가지 형태의 객실을 운영하고 있는데, 객실의 크기, 침대 사이즈, 바다가 잘 보이는 전망에 따라 요금이 달라진다. 모든 객실에 큰 욕조가 있고, 호텔에서 운영하는 5개 레스토랑의 음식이 맛있기로 유명하다. 객실에서 와이파이를 사용하려면 별도의 추가 요금을 지불해야 한다. 호텔이 올림픽 요트 센터와 이웃해 있어서 아침저녁 바다를 바라보며 산책하기 좋다.

가족 여행이 어울리는 5성급 호텔
칭다오 시 뷰 가든 호텔
QINGDAO SEA VIEW GARDEN HOTEL 青岛海景花园大酒店
[칭다오 하이징 화위엔 따지우디엔]

주소 青岛市 市南区 彰化路 2号 **위치** ❶ 공항에서 701번 공항버스 타고 푸산쒀(浮山所) 정류장 하차 후 택시로 이동(요금 13~15元) ❷ 231번 버스 타고 타이완루(台湾路) 정류장 하차 후 도보 10분 ❸ 317번 버스 타고 쌍화루난(彰化路南) 정류장 하차 후 도보 5분 **요금** 852~1,478元(2인실) **전화** 0532-8587-5777

커다란 야외 수영장이 있는 5성급 호텔이다. 아이를 동반한 가족 단위 여행자에게 잘 어울린다. 한국인 투숙객이 제법 많아서 한국어를 구사하는 직원도 있다. 객실 사용 설명서에도 한국어가 적혀 있다. 겨울에는 야외 수영장을 사용할 수 없는 것이 아쉽지만, 작은 실내 수영장은 이용할 수 있다. 호텔 주변에 마땅한 식당이 없으나, 호텔에서 운영하는 3개 레스토랑의 음식이 훌륭하다. 객실에서 무료로 와이파이를 사용할 수 있고, 모든 객실에 커다란 욕조가 있다. 위치는 올림픽 요트 센터와 극지해양세계 중간쯤에 있으며, 아침에 호텔에서 바다 방면으로 도로 건너편에 있는 해변 산책로를 따라 걷기 좋다.

실내 수영장을 보유한 최상급 호텔
홀리데이 인 칭다오 시티 센터
Holiday Inn Qingdao City Center 青岛中心假日酒店 [칭다오 쭝신 쟈르 지우디엔]

주소 青岛市 市南区 徐州路 1号 **위치** ❶ 공항에서 701번 공항버스 타고 푸산쒀(浮山所) 정류장 하차 후 도보 5분 ❷ 26, 31, 33, 125, 319번 버스 타고 푸산쒀(浮山所) 정류장 하차 후 도보 5분 **요금** 899~1,357元(2인실) **전화** 0532-6670-8888

별다른 설명이 필요 없을 정도로 위치, 시설, 서비스 등 모든 면에서 최상급 호텔이다. 시내 중심에 있는 까르푸가 가까이에 있어서 쇼핑하기에도 편하다. 조식 메뉴가 다양하고 고급스러워서 여성 여행자들에게 특히 좋은 평가를 받고 있다. 실내 수영장 시설도 좋고, 길 건너에 쑤닝이꺼우苏宁易购라고 적힌 건물과 리엔허따사联合大厦라고 적힌 빌딩 사이의 골목을 따라 걸어가면 윈샤오루 미식 거리가 나온다.

조용한 휴식이 어울리는 5성급 호텔

하얏트 리젠시 HYATT REGENCY 青岛鲁商凯悦酒店 [칭다오 루샹 카이위에 지우디엔]

주소 青岛市 崂山区 东海东路 88号 **위치** ❶ 공항에서 703번 공항버스 타고 쒀페이야따지우디엔(索菲亚大酒店) 정류장 하차 후 택시로 갈아탐(요금 9~12元) ❷ 시내에서 317번 버스 타고 하이커우루(海口路) 정류장 하차 **요금** 1,020~1,668元(2인실) **전화** 0532-8612-1234

석노인 해수욕장 백사장이 시작되는 지점에 호텔이 우뚝 서 있다. 칭다오에 있는 호텔 중 백사장과 거리가 가장 가까운 5성급 호텔이다. 조용한 휴식을 원하는 여행자에게 어울리는 숙소로 멋진 실내 수영장을 갖추고 있다. 객실에서 위성 TV로 한국어 방송을 볼 수 있고, 와이파이를 무료로 사용할 수 있다. 이곳에 머문다면 1층 '동해 88' 중식당에서 산동 요리와 오리구이를 꼭 먹어 보라고 추천하고 싶다. 오리구이는 호텔 투숙객에게 특

별 할인을 해 주는데, 조리 시간이 오래 걸리기 때문에 미리 예약해야 한다.

해천만 온천과 이웃한 고급 리조트

그랜드 메트로파크 호텔

Grand Metropark Hotel 海泉湾维景国际大酒店 [하이취엔완 웨이징 궈지 따지우디엔]

주소 即墨市 滨海大道 188号 **위치** 지모 온천 가는 방법 참조 **요금** 868~998元(2인실) **전화** 0532-8906-0606

느긋한 휴양을 목적으로 머물기에 적합한 5성급 호텔이다. 투숙객은 온천을 20% 할인해 준다. 온천은 걸어서 갈 필요 없이 호텔에서 운영하는 미니 전동차를 타고 오갈 수 있다. 모든 더블베드 객실에서는 바다가, 트윈베드 객실에서는 산이 한눈에 보인다. 전 객실에서 온천욕을 즐길 수 있는데, 객실 욕조에 뜨거운 물을 받으면 온천수가 나온다. 여름에는 야외 수영장에서 바다를 바라보며 수영할 수 있고, 규모가 큰 실내 수영장도 있다.

조식 메뉴가 다양하고, 호텔 옆 아웃렛 단지를 걸어서 둘러볼 수도 있다.

비즈니스맨들이 즐겨 찾는 숙소

이비스 ibis 宜必思 [이비쓰] (城阳正阳路店) 🏨

주소 青岛市 城阳区 正阳中路 160号 **위치 ❶** 공항에서 택시로 이동(요금 15~20元) **❷** 374, 901, 902, 903, 909, 912, 913, 929번 버스 타고 춘양화위엔(春阳花苑) 정류장 하차 후 도보 4~5분 **요금** 198~298元(2인실) **홈페이지** www.ibis.cn **전화** 0532-5871-1777

청양에서 2~3성급 숙소를 찾는다면 이비스가 만족스러운 선택이 될 것이다. 공항에서 택시로 10~15분 거리에 있고, 주위가 번화가다. 호텔 맞은편에 노방 국제 풍정가가 있고, 가가원 쇼핑몰까지 걸어서 10~12분 걸린다. 객실은 아담하고 필요 없는 가구를 배치하지 않아서 심플하다. 주위 환경이 조용하고, 객실에서 와이파이를 자유롭게 사용할 수 있다. 겨울에 바닥을 미열로 난방하기 때문에 공기가 답답하지 않고 따뜻하게 지낼 수 있는 것이 최고의 장점이다. 위성 TV로 SBS와 KBS1 방송을 볼 수 있다.

이비스보다 한 등급 위인 숙소

오렌지 호텔 Orange Hotel 桔子酒店 [쥐즈 지우디엔] (城阳店) 🏨

주소 青岛市 城阳区 春城路 582号 **위치 ❶** 공항에서 택시로 이동(요금 15~20元) **❷** 374, 901, 902, 903, 909, 912, 913, 929번 버스 타고 샤오베이취(小北曲) 정류장 하차 후 도보 2~3분 **요금** 329~428元(2인실)

노방 국제 풍정가 초입에 위치한 준 4성급 수준의 호텔이다. 도로 건너편에 있는 이비스가 비즈니스로 방문한 사람이 이용하기에 적당하다면, 오렌지 호텔은 아이들과 머물기에 적당하다. 숙소 앞에서 버스를 타고 가가원 쇼핑몰에 갈 수 있고, 걸어서 가면 15분 걸린다. 조식은 매우 조촐하기 때문에 굳이 이용할 필요가 없을 듯하다.

한국인이 많이 머무는 4성급 호텔
포 포인츠 바이 쉐라톤
FOUR POINTS BY SHERATON　宝龙福朋喜来登酒店 [바오룽 푸펑 시라이떵 지우디엔]

주소 青岛市 城阳区 文阳路 271号 **위치 ❶** 공항에서 택시로 이동(요금 15~20元) **❷** 634, 905, 917번 버스 타고 베이투안(北疃) 정류장 하차 후 도보 7분 **요금** 788元~(2인실) **전화** 0532-6696-8888

공항에서 택시로 10분 거리에 있다. 한국 음식점이 밀집해 있는 거리까지 걸어서 5분이면 갈 수 있고, 호텔 가까이에 대형 마트와 스타벅스, KFC가 있다. 2011년에 지은 4성급 호텔로, 객실이 큰 편이다. 모든 객실에 커다란 욕조가 있고, 샤워 시설도 따로 마련돼 있다. 우리나라 패키지 여행 상품에서 많이 이용하는 호텔 중 하나며, 겨울 비수기에는 기존 요금에서 최대 50%까지 할인된다.

한식당이 밀집한 거리에 위치
홀리데이 인 칭다오 파크뷰
Holiday Inn Qingdao Parkview　青岛景园假日酒店 [칭다오 징위엔 쟈르 지우디엔]

주소 青岛市 城阳区 兴阳路 306号 **위치 ❶** 공항에서 택시로 이동(요금 15~20元) **❷** 374, 634, 642, 917, 929번 버스 타고 광까오찬예위엔(广告产业园) 정류장 하차 후 도보 2~3분 **요금** 593~1,268元(2인실) **전화** 0532-8096-6888

공항에서 호텔까지 택시로 10분 걸린다. 이웃한 세기 공원을 아침에 산책 삼아 걷기 좋고, 호텔 주위에 한국 음식점이 밀집해 있다. 객실은 아담한 편이지만, 홀리데이 인 체인답게 침대 쿠션이 좋고 샤워실에 욕조도 있다. 비즈니스를 목적으로 이곳에 투숙하는 한국인이 많아 객실에서 위성 TV로 한국 방송을 볼 수 있다. 아침 조식 메뉴가 다양하고 맛있으니 포함해서 예약하면 좋을 듯하다. 칭다오 시내로 갈 때는 세기 공원 앞까지 걸어가서 502번 버스를 타는 게 빠르다.

번화가에 위치한 4성급 호텔

해도 호텔 Haidu Hotel 海都大酒店 [하이뚜 따지우디엔] 🏨

주소 青岛市 黄岛区 长江中路 218号 **위치** ❶ 공항에서 705번 황다오(黄岛)행 공항버스 타고 종점 모타이지우디엔(莫泰酒店) 정류장 하차, 4, 18, 26, 803번 버스로 환승 후 청스꾸이꽌(城市桂冠) 정류장 하차 ❷ 칭다오 역에서 隧道 2번 버스 타고 종점 쑤이따오쉬에자다오슈니우짠(隧道薛家岛枢纽站) 정류장 하차, 그곳에서 4번 버스로 환승 후 청스꾸이꽌(城市桂冠) 정류장 하차 **요금** 428~724元 (2인실) **전화** 0532-8699-9888

이온(AEON) 몰과 도로를 사이에 두고 마주
해 있다. 고층 건물이 쌍둥이 빌딩처럼 A와
B동으로 나눠졌고, B동이 4성급 호텔이다.
6층부터 10층까지는 표준 객실로 운영하
고, 11층부터 21층은 고급 객실로 표준 객
실보다 요금이 100元 정도 비싸다. 3층에
실내 수영장과 헬스장이 있고, 4성급 호텔에
걸맞게 조식 뷔페도 잘 나온다. 호텔 바로 앞
에 정류장이 있어서 교통이 편리하고, 무이
산 시장은 걸어서 갈 수 있다.

시내 중심의 5성급 호텔

다원 금강 호텔

DUOYUAN JINJIANG HOTEL 多元锦江大饭店 [뚜어위엔 진장 따판띠엔] 🏨

주소 青岛市 黄岛区 长江中路 230号 · **위치** ❶ 공항에서 705번 황다오(黄岛)행 공항버스 타고 종점 모타이지우디엔(莫泰酒店) 정류장 하차, 4, 18, 26, 803번 버스로 환승 후 청스꾸이꽌(城市桂冠) 정류장 하차 ❷ 칭다오 역에서 隧道 2번 버스 타고 종점 쑤이따오쉬에자다오슈니우짠(隧道薛家岛枢纽站) 정류장 하차, 4번 버스로 환승 후 청스꾸이꽌(城市桂冠) 정류장 하차 **요금** 449~824元 (2인실) **전화** 0532-6805-5588

해도 호텔과 이웃해 있는 54층짜리 빌딩이
다원 금강 호텔이다. 황다오 도심에 머물다
면 교통, 객실 수준, 서비스, 조식이 가장 좋
은 5성급 호텔이다. 일반 객실은 34층부터
46층까지 있고, 도심이 보이는 객실보다 바
다가 보이는 객실이 50~100元 더 비싸다.
그러나 바다와 거리가 꽤 떨어져 있어서 굳
이 바다 전망을 선택할 필요는 없을 듯하다.
조식은 34층에 있는 서양식 레스토랑에서
진행한다. 창가에 앉으면 바다와 도심 풍경

을 두루 감상하면서 먹을 수 있다. 6층에 있
는 라오칭다오 미도老青岛味道 레스토랑은 해
산물 요리와 산동 요리를 잘하기로 유명하
다. 실내 수영장은 규모가 작은 편이다.

금사탄에 위치한 최고급 리조트

더 라루 The Lalu 涵碧楼酒店 [한삐러우 지우디엔] 🏠

주소 青島市 黃島区 九龙山路 277号 **위치 ①** 공항에서 705번 황다오(黃島)행 공항버스 타고 종점 모타이지우디엔(莫泰酒店) 정류장 하차 후 택시로 이동(요금 30元 정도) **②** 칭다오 역에서 隧道 2번 버스 타고 종점 쉬이따오쉬에쟈다오슈니우짠(隧道薛家島枢纽站) 정류장 하차, 808번 버스로 환승 후 쨩툰주웨이(张屯嘴) 정류장 하차 **요금** 3,450元~(2인실) **전화** 0532-8316-6666

칭다오와 황다오를 통틀어 가장 좋은 호텔이자, 중국 전역에서도 최고급으로 손꼽힌다. 호텔 뒤편에는 야트막한 봉황산凤凰山[펑황산]이 병풍처럼 펼쳐지고, 호텔 앞으로는 금사탄의 바다가 펼쳐진다. 더 라루는 모든 객실에서 바다를 한눈에 내려다볼 수 있게 설계했다. 바다가 무척 가까워서 창문을 열면 파도치는 소리가 선명하게 들린다. 호텔 인테리어는 물론, 객실의 사소한 용품들까지 최고급으로 사용했다. 정원에 심은 소나무는 황산에서, 도자기는 징더전에서 공수해 왔으며, 조식당인 스이추十一厨 레스토랑은 이름처럼 11개 국가의 음식을 뷔페로 제공한다. 리조트 안에서 휴양과 온천, 해수욕, SPA, 야외·실내 수영장, 카페를 이용하며 시간을 보낼 수 있게 환상적으로 꾸몄다. 최상급의 휴양 리조트다.

해변 휴양이 어울리는 5성급 호텔

윈드함 그랜드 호텔

Wyndham Grand Hotel　温德姆至尊酒店 [원더무쯔쭌 지우디엔]　🏛

주소 青岛市 黄岛区 银沙滩路 178号 **위치 ❶** 공항에서 705번 황다오(黄岛)행 공항버스 타고 종점 모타이지우디엔(莫泰酒店) 정류장 하차, 东 3번 버스로 환승 후 원더무쯔쭌지우디엔(温德姆至尊酒店) 정류장 하차 ❷ 칭다오 역에서 隧道 3번 버스 타고 칭윈산루(青云山路) 정류장 하차, 东 3번 버스로 환승 후 원더무쯔쭌지우디엔(温德姆至尊酒店) 정류장 하차 **요금** 834~1,270元(2인실) **전화** 0532-5888-6666

황다오 바닷가에서 휴양을 즐기고 싶은 여행자에게 가장 적합한 호텔이다. 걸어서 2분이면 은사탄 해변 한복판에 도착한다. 당도만 해변 공원의 남안 공원과도 가까워서 산책하기에 좋다. 호텔 주위에 나무가 많아서 공기가 상쾌하다. 호텔 앞 정류장에서 东 3번 버스를 타면 황다오 시내에 있는 이온(AEON) 몰, 무이산 시장, 고가도顧家島 [꾸자다오] 마을에 한 번에 갈 수 있다. 객실이 큰 편이고 분위기가 아늑하다. 야외 수영장이 있는데 이용객이 많지 않으며, 지하 1층에 커다란 실내 수영장도 있다. 조식 메뉴가 풍성하고, 1층 프라나 맥주 하우스에서 만드는 수제 맥주가 맛있기로 유명하다.

야외 수영장이 좋은 5성급 호텔

힐튼 HILTON　希尔顿酒店 [시얼뚠 지우디엔]　🏛

주소 青岛市 黄岛区 嘉陵江东路 1号 **위치 ❶** 공항에서 705번 황다오(黄岛)행 공항버스 타고 종점 모타이지우디엔(莫泰酒店) 하차 후 택시로 이동(요금 15~18元) ❷ 칭다오 역에서 隧道 5, 隧道 6, 隧道 7번 버스 타고 하이윈쟈위엔(海韵嘉园) 정류장 하차 후 도보 10분 **요금** 790~1,270元(2인실) **전화** 0532-8315-0000

아이를 동반한 가족이 이용하기에 좋은 5성급 호텔이다. 객실이 넓어서 침대를 추가해도 공간이 비좁게 느껴지지 않는다. 지하 실내 수영장이 크고, 야외 정원에 커다란 아이용 풀장과 성인용 풀장이 있다. 호텔에서 금사탄 해변까지는 걸어서 10분이 걸리기 때문에, 여름에는 야외 수영장이 북적인다. 아이를 데리고 휴가 온 가족들이 야외 수영장을 애용한다. 조식 뷔페는 종류가 다양하고 맛이 좋다. 하지만 봄부터 가을까지는 호텔 투숙객이 많아서, 조식은 되도록 일찍 먹는 것이 좋다. 성수기에는 8시 30분부터 9시 30분 사이에 조식을 먹기 위해 레스토랑 앞으로 긴 줄을 서는 진풍경이 펼쳐지곤 한다. 직원들이 친절하고 영어도 잘한다.

Qingdao

칭다오 **9**

여행 정보

칭다오 기본 정보

국호

중화 인민 공화국(中华人民共和国, People's Republic of China), 줄여서 중국中国이라고 부른다.

수도

베이징北京

인구

13억 6,782만 명, 그중 칭다오 인구는 904만 6천여 명(2014년 말 기준)이다.

면적

약 960만km²(한반도의 44배), 그중 칭다오 면적은 1만 1,282km² 이다.

정치체제

입헌 공화제, 인민 대표 대회 제도

행정구역

칭다오는 산동성山东省에 속한 대도시로, 행정구역은 6개 구区[취](스난 구市南区, 스베이 구市北区, 황다오 구黄岛区, 라오산 구崂山区, 리창 구李沧区, 청양 구城阳区)와 4개 현급 시县级市(자오저우 시胶州市, 지모 시即墨市, 핑두 시平度市, 라이시 시莱西市)로 나뉜다. 주요 관광지는 스난 구, 황다오 구, 라오산 구에 집중되어 있고, 청양 구에는 우리나라 기업이 많이 진출하여 코리아타운이 형성돼 있다.

언어

표준어인 보통어普通话[푸통화]를 사용하고, 주민들끼리는 지역 사투리인 칭다오어青岛话[칭다오화]로 대화하기도 한다. 4, 5성급 호텔에서는 영어로 의사소통이 원활하다.

시차

우리나라보다 1시간 늦다(우리나라가 9시면 칭다오는 8시다).

거리

인천–칭다오 : 1시간 10분(비행기 기준)
부산–칭다오 : 2시간(비행기 기준)

전압

220V, 50Hz (전기 플러그는 핀이 3개 달린 것과 2개 달린 것을 사용한다. 우리나라에서 사용하던 전자 제품은 변압 장치 없이 그대로 사용할 수 있다. 만약 충전할 전자 제품이 많으면 멀티플러그를 준비해가면 편리하다.)

화폐

중국의 통화는 런민비(人民币, 인민폐, RMB, 위엔화)이고, 기본 단위는 위엔(元, ¥)이다. 1 위엔은 10자오(角)로 나뉘고, 1자오는 다시 10펀(分)으로 나뉜다. 중국인들은 일상생활에서 위엔과 자오를 말할 때 사용하는 어휘가 따로 있다. 위엔은 콰이(块), 자오는 마오(毛)라고 부른다. 펀은 화폐 가치가 낮아서 실생활에서는 거의 사용하지 않는다. 지금 1元은 약 172원이다(2018년 12월 기준). 지폐 100元, 50元, 20元, 10元, 5元, 1元 동전 1元, 5角, 1角

기후

산동 반도山東半島[산동 빤다오] 남단에 위치한 칭다오는 황해黃海[황하이] 바다와 맞닿아 있어 온대성 습윤기후를 띤다. 공기가 습윤하고 사계절이 분명한 특징이 있다. 내륙과 비교하면 봄이 늦은 편으로, 3~4월은 기온이 더디게 상승한다.

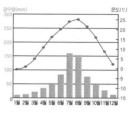

7~8월이 1년 중 가장 무더운 때인데 최고 기온이 29℃를 넘지 않고, 해양성 기후의 영향으로 바람이 서늘해서 피서지로 인기다. 가을은 하늘이 맑고 강수량이 적어서 여행하기에 가장 좋은 계절이다. 겨울은 길며 가장 추운 1월의 평균 기온이 -0.9℃로 심하게 추운 날은 드물다.

봄 (3~5월)

4월 중순 중산 공원에 벚꽃이 피기 시작하면서 차츰 봄기운이 느껴진다. 여행자가 많지 않은 시기여서 여유롭게 여행할 수 있으나, 바다에서 불어오는 바람이 아직 차가우니 따뜻한 점퍼를 준비한다. 5월부터 기온이 눈에 띄게 상승하고, 바람도 잔잔해서 야외 활동하기 좋다.

여름 (6~8월)

완연한 피서의 계절이다. 칭다오를 찾는 여행자가 급격히 증가한다. 그러나 이때는 연 강우량의 57%가 집중되는 시기로, 특히 7~8월에 비가 많이 내린다. 또 8월은 태풍이 잦고 안개가 자욱해서 파란 바다를 보지 못할 가능성이 높다. 그럼에도 불구하고 8월은 맥주 축제가 열리는 최고의 여행 성수기로 1년 중 숙박비가 가장 비싸다. 상대적으로 6~7월이 8월보다 여행하기 좋다.

가을 (9~11월)

하늘과 바다의 경계가 모호할 정도로 짙푸른 계절이다. 칭다오가 1년 중 가장 아름다운 시기로, 단풍이 물든 팔대관, 라오산, 대주산이 한 폭의 그림 같다. 해안을 따라 이어지는 산책로를 걷기에도 매우 쾌적한 시기다. 각종 싱싱한 해산물을 맛보기에도 가장 좋은 때다.

겨울 (12~2월)

한가로움을 사랑하는 여행자들에게 좋은 시기다. 관광객이 눈에 띄게 줄어 한가로운 구시가지의 골목, 새하얀 갈매기 떼가 수놓은 겨울 바다가 매력으로 다가온다. 우리나라 서울보다 평균 기온이 2~3도가량 높아서 야외 활동하기 어려울 정도로 춥지는 않다. 단, 대형 식당들 중에는 춘절(음력 1월 1일)을 기점으로 2~4주간 동계 휴업에 들어가는 곳이 있다.

| 인터넷 | 스마트폰이 있으면 대부분의 숙소와 카페에서 무료로 와이파이를 사용할 수 있다. 단, 일부 숙소는 로비에서만 사용할 수 있으니 예약 전에 미리 확인하자. 인터넷을 많이 사용한다면 한국에서 자신이 사용하는 통신사의 데이터 로밍을 해간다. 그래야만 국내 IP로 잡히기 때문에 구글맵, 네이버 블로그와 카페, 인스타그램, 페이스북 등을 자유롭게 사용할 수 있다. |

인터넷

스마트폰이 있으면 대부분의 숙소와 카페에서 무료로 와이파이를 사용할 수 있다. 단, 일부 숙소는 로비에서만 사용할 수 있으니 예약 전에 미리 확인하자. 인터넷을 많이 사용한다면 한국에서 자신이 사용하는 통신사의 데이터 로밍을 해간다. 그래야만 국내 IP로 잡히기 때문에 구글맵, 네이버 블로그와 카페, 인스타그램, 페이스북 등을 자유롭게 사용할 수 있다.

한국에서 데이터 로밍

통신사 고객 센터나 공항 내 각 통신사 로밍 센터에서 신청한다. 1일 사용료 9,000~10,000원 정도로 데이터(3G 기준)를 무제한 사용할 수 있다.

와이파이 도시락

비용 절감을 위해 와이파이 도시락으로 로밍 서비스를 받아갈 때는 주의할 점이 있다. 중국 내 IP로 잡히기 때문에 원칙적으로는 구글맵, 네이버 블로그와 카페, 인스타그램, 페이스북을 자유롭게 사용할 수 없다. 위에 언급한 사이트들을 검색하려면 VPN 우회 앱을 미리 한국에서 깔아가는 방법이 있긴 하지만, 검색 속도가 느려지기 때문에 효율적이지 않다.

치안

칭다오의 치안은 전반적으로 안전하다. 일반 상식에 어긋난 행동을 하지 않으면 문제될 일이 없다. 다만, 여행자는 절도와 소매치기 같은 경범죄의 표적이 되기 쉽다. 여권과 현금, 스마트폰은 몸에서 가깝게 보관하고, 옆으로 메는 가방은 어깨에 크로스로 메는 것이 안전하다.

국경일과 공휴일

공휴일 중 노동절과 국경절은 피해서 여행 기간을 잡는 것이 좋다. 노동절과 국경절은 중국 최대 연휴 기간으로, 관광지마다 사람이 넘쳐난다.

위엔딴 元旦(원단)	양력 1월 1일(앞뒤 3~4일 휴무)
춘제 春节(춘절)	음력 1월 1일(7일 휴무)
칭밍제 清明节(청명절)	양력 4월 5일(앞뒤 2~3일 휴무)
라오똥제 劳动节(노동절)	양력 5월 1일(3일 휴무)
똰우제 端午节(단오절)	음력 5월 5일(3일 휴무)
쯍치우제 中秋节(중추절)	음력 8월 15일(앞뒤 3일 휴무)
궈칭제 国庆节(국경절)	양력 10월 1일(7일 휴무)

비상 연락처

주 칭다오 대한민국 총영사관

주소 青岛市 城阳区 春阳路 88号   **전화번호** 0532-8897-6001~3(당직자 전화 136-0898-9617)
근무시간 9:00~15:00   **홈페이지** chn-qingdao.mofa.go.kr

한국에서 칭다오 가기

비행기

매일 인천에서 대한항공(KE), 아시아나항공(OZ), 제주항공(7C), 동방항공(MU), 티웨이항공(TW), 산동항공(SC) 등 총 16편, 부산에서 대한항공과 에어부산(BX) 2편이 칭다오를 오간다. 인천에서 칭다오까지 비행 시간은 1시간 10분, 부산에서는 2시간이 걸린다.

칭다오 류팅 국제공항
青岛流亭国际机场
[칭다오 라우팅 궈지지장]

주소 青岛市 城阳区 流亭镇 民航路 99号 **전화** 0532-8471-5777
홈페이지 www.qdairport.com

❶ 공항버스

칭다오 시내로 가는 공항버스 노선은 3가지다. 요금은 모두 20元이고, 택시를 타면 거리에 따라 다르지만 70~90元 정도 나온다. 공항에서 직접 황다오로 가려면 '취 황다오去黄岛(황다오에 갑니다).'라고 말하고 표를 구입하면 된다. 요금은 40元이고, 공항에서 황다오는 50여 km 떨어져 있다. 공항버스를 타면 황다오 종점까지 1시간 40분이 걸린다.

전화 0532-8480-6788 **위치** 공항 1층 입국장에서 오른쪽 에어포트 버스(Airport Bus)라고 적힌 파란 표지판 따라가면 버스 승차권(한국어) 부스는 2번 게이트 옆

노선 번호	운행 시간	배차 간격	경유지	시내에서 공항으로
701번	7:30~ 마지막 비행기	30분 간격	공항机场 → 동부 터미널汽车东站[치처 똥짠] → 동성국제东城国际[똥청꿔지] → 복봉 연화 마트 +蜂连花超市[부펑리엔화 차오스] → 홍산포 단지洪山小区[홍산포 샤오취] → 광전 빌딩广电大厦[광띠엔따사] → 해양지질연구소海洋地质所[하이양띠즈쒀] → 푸산쒀浮山所[상강풍루의 까르푸 앞] → 해항 만방 센터海航万邦中心[하이항 완빵 풍신]	해항 만방 센터海航万邦中心, 또는 샹강풍루 민항 빌딩民航大厦[민항따샤] 앞에서 5:10~20:55까지 (30분 간격)
702번	7:15~ 23:45	30분 간격	공항机场 → 루이창루瑞昌路 → 소촌장小村庄[샤오춘짱] → 사방 터미널四方车站[쓰팡 처짠] → 화양루华阳路 → 라오닝루 전자정보성辽宁路电子信息城[라오닝루 띠엔즈신시청] → 시립의원市立医院[스리이위엔] → 쑹산루 공항익스프레스 호텔中山路航空快线酒店[쑹산루 항콩콰이시엔 지우디엔, 저장루 천주교당 앞] → 칭다오 기차역火车站[훠처짠]	칭다오 기차역, 또는 쑹산루 공항익스프레스 호텔中山路航空快线酒店[저장루 천주교당 가는 오르막길 페이청루肥城路 초입] 앞에서 5:30~21:00까지 (30분 간격)
703번	7:20~ 18:20	30분 간격	공항机场 → 북부 터미널汽车北站[치처 베이짠] → 동부 터미널汽车东站[치처 똥짠] → 통안루同安路 → 칭다오 원양 호텔青岛远洋大酒店[칭다오 웬양 따지우디엔] → 소피아 호텔泰菲亚酒店[웨페이아야 지우디엔] → 세기문화 호텔世纪文华酒店[스지원화 지우디엔]	세기문화 호텔世纪文华酒店에서 6:00~16:45까지(1시간 간격)
705번	9:30~ 23:30	1시간 간격	공항机场 → 신가구新街口[신지에커우] → 보세 구역保税区[바오쉐이취] → 빈해 학원滨海学院[삔하이쉐위엔] → 하워드 존슨 호텔黄海大豪生酒店[황하오쉐이지우디엔] → 황다오 구청 광장 모태주점黄岛区政广场莫泰店[황다오취짱광창 모타이띠엔]	황다오 구청 광장 모태주점黄岛区政广场莫泰店 5:30~19:30까지(1시간 간격)

❷칭다오 관광 정보 센터 青岛旅游信息中心 [칭다오뤼여우신시풍신]

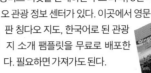

공항버스 티켓을 판매하는 부스 좌측, 3번 게이트 옆에 칭다오 관광 정보 센터가 있다. 이곳에서 영문판 칭다오 지도, 한국어로 된 관광지 소개 팸플릿을 무료로 배포한다. 필요하면 가져가도 된다.

전화 0532-8378-8666 **시간** 8:30~23:00

배

인천 제2 국제여객터미널에서 위동 페리가 주 3회 칭다오로 출발한다. 인천에서 칭다오까지는 14~15시간 걸리며, 배는 오후에 인천을 출발해서 다음 날 아침 칭다오에 도착한다. 주의할 점은 배는 기상 악화 등의 천재지변 또는 선박 점검 및 수리로 운항 스케줄이 변경될 수 있으니, 홈페이지에서 출발 시간을 다시 한 번 확인하도록 한다.

인천-칭다오 위동 페리 시간표

	출항 시간	도착 시간
인천 → 칭다오	화, 목, 토 17:30~19:00	수, 금, 일 9:00~10:30
칭다오 → 인천	수, 금, 일 17:30~18:00	화, 목, 토 11:00~12:30

주소 서울시 마포구 큰우물로 75, 성지빌딩 10층 **전화** 032-770-8000
홈페이지 www.weidong.com

칭다오항
Port of Qingdao
青岛港 [칭다오강]

인천에서 출발한 위동 페리는 칭다오항青岛港[칭다오강]에 도착한다. 공식 명칭은 칭다오항 여객터미널青岛港客运站[칭다오 강 커윈짠]이지만, 줄여서 칭다오항이라고 더 많이 부른다. 칭다오항은 기차역에서 북쪽으로 3km 떨어져 있으며, 입국 수속을 마치고 칭다오항을 빠져나오면 하이위엔海员이라고 부르는 시내버스 정류장이 가까이에 있다. 그곳에서 칭다오 기차역青岛火车站[칭다오 훠처짠], 루쉰 공원鲁迅公园[루쉰 꽁위엔], 칭다오 맥주 박물관青岛啤酒博物馆[칭다오 피지우 보우관] 등으로 가는 시내버스를 탈 수 있다. 만약 칭다오항에서 5·4 광장5·4广场[우쓰광창]까지 택시를 타면 25~30元 정도 나온다.

주소 青岛市 市北区 新疆路 6号 **전화** 0532-8282-5001 **위치** 칭다오역에서 8, 217번, 루쉰 공원에서 214번, 칭다오 맥주 박물관에서 217번 버스 타고 하이위엔 (海员) 정류장 하차

칭다오 시내 교통

시내버스 公共汽车

칭다오에 있는 모든 관광지는 시내버스로 편리하게 연결된다. 대부분은 요금이 1元으로 아주 저렴하지만, 간혹 2元을 받는 노선도 있다. 거의 모든 버스에 무인 요금 투입기가 설치돼 있으니, 꼭 잔돈을 준비해서 타야 한다. 가능하면 1元짜리 지폐나 동전을 두둑하게 준비하자. 시내버스는 대부분 5시 30분부터 21시 30분까지 운행한다. 여러 관광지에서 정차하는 시내버스의 경우 안내 방송을 중국어와 영어로 한다. 그렇지 않은 노선은 중국어로만 방송한다. 만약 방송을 알아듣지 못해 목적지를 지나칠까 걱정된다면, 시내버스가 달리는 방향에서 오른쪽 좌석에 앉거나 서 있자. 창문으로 정류장의 이름을 확인할 수 있다. 각 정류장의 노선 표지판 맨 위에는 빨간색 큰 글씨로 도착 정류장의 이름이 적혀 있다.

시내버스 노선 문의 0532-8592-9111

시티투어 버스
都市观光巴士

칭다오 시에서 총 3개 노선의 시티투어 버스를 운행하고 있다. 출발은 칭다오역青岛站 남광장南广场에서 동쪽으로 도로 건너편에 있는 여행 2층 버스旅游双光巴士[뤼여우 솽꽝 바싀] 집산지에서 한다. 여행자들은 황다오의 금사탄, 당도만 빈해 공원, 라오산에 갈 때 시티투어 버스를 이용한다. 시티투어 버스의 장점은 2층 버스라서 시야가 넓게 확보되고, 좌석이 우등 고속버스처럼 편안하다. 그리고 해안 도로를 따라 주행하기 때문에 창밖으로 보이는 풍경이 아름답다. 단점은 위에 언급한 세 관광지 모두 시내 버스나 터널버스隧道[쑤이따오]가 편리하

게 연결되는데, 이들에 비해 시티투어 버스 요금이 3~5배나 비싸다. 또, 한 번 구입해서 수시로 내리고 탈 수 있는 시스템이 아니라, 내린 후에 다시 타려면 티켓을 새로 사야 한다.

1번과 4번 노선은 1년 내내 운행하고, 2번 노선은 7~8월 여행 성수기에만 한시적으로 운행한다. 참고로 3번 노선은 이용객이 없어서인지, 실제로는 운행하지 않고 있다. 모든 노선은 계절에 따라 출발 시간과 출발 횟수가 조금씩 변동되니, 버스를 이용하기 전에 전화로 정확한 출발 시간을 확인하는 것이 제일 좋다.

노선	목적지	출발 시간	편도 요금
1번 (1线)	라오산 관광객 센터崂山游客中心[라오산 여우커풍신]-라오산 거봉 유람구, 태청 유람구 방면	8:00, 9:00, 9:40, 10:15, 10:40	10元
2번 (2线)	황다오의 금사탄金沙滩[진사탄], 당도 만 빈해 공원唐岛湾滨海公园[탕다오완 삔하이 꽁위엔]	8:30~11:00 (30분 간격), 11:00~14:30 (1시간 간격)	15元
4번 (4线)	라오산 앙구崂山仰口[라오산 양커우]-라오산의 앙구 유람구	7:30, 8:30, 9:20	15元

여행 2층 버스 旅游双光巴士 [뤼여우 솽꽝 바스]
주소 青岛市 市南区 都市观光乘车站　**전화** 0532-8287-6868

지하철 地铁

현재 지하철 2, 3, 11호선이 운행되고 있다. 지하철 3호선이 여행자에게 가장 유용하며, 잔교, 천후궁, 팔대관, 태평각 공원, 중산 공원, 5·4 광장 등을 갈 수 있다. 2호선은 5·4 광장, 석노인 해수욕장, 11호선은 칭다오 박물관에 갈 때 편리하다. 운행 시간은 아침 6시 15분에서 저녁 10시 30분까지, 요금은 2~8元이다.

칭다오 지하철 青岛地铁 [칭다오 띠에]
주소 青岛市 李沧区 常宁路 6号 地铁大厦　**전화** 0532-5577-0000
시간 6:15~21:30　**요금** 2~5元 (구간에 따라)
홈페이지 www.qd-metro.com

택시 出租车

하늘색, 녹색, 빨간색 일반 택시는 기본 거리 3km까지 10元이고, 검은색 고급 택시는 12元이다. 기본 거리를 초과하면 일반 택시는 1km마다 2元씩, 고급 택시는 2.5元씩 올라간다. 여행자들이 즐겨 찾는 관광지는 시내버스 노선이 매우 발달해서 택시 탈 일이 많지 않다. 그러나 인원이 3명일 때 빠르게 이동하려면 택시가 합리적인 선택이 될 수 있다. 시내에 관광지가 밀집해 있어서 이동 거리가 멀지 않아, 요금이 많이 나오지 않는다. 예를 들어 일반 택시를 타고 5·4 광장에서 칭다오역까지는 22~25元, 5·4 광장에서 칭다오 맥주 박물관까지는 18~20元 정도 나온다. 일반 택시와 고급 택시 모두 22시에서 다음 날 5시까지 할증이 부가된다.

일반 택시

고급 택시

칭다오 여행 준비하기

여권 만들기

외국을 여행하려면 여권이 필요하다. 여권이 있다면 중국 비자 신청을 하러 가기 전에 여권 유효 기간을 확인하자. 유효 기간이 6개월 이상 남아 있지 않다면 발급 기관에서 여권을 연장하거나 새로 발급받아야 한다.

여권의 종류·수수료

여권은 복수 여권과 단수 여권으로 나뉜다. 복수 여권은 유효 기간에 따라 5년과 10년짜리가 있다. 단수 여권은 유효 기간 1년 동안 단 1회만 사용할 수 있다.

종류	유효 기간	면수	수수료
복수	10년	48면	53,000원
		24면	50,000원
	5년	48면	45,000원
		24면	42,000원
단수	1년(단 1회만 사용)		20,000원

구비 서류

✔ 여권 발급 신청서, 여권용 사진 1매(6개월 이내에 촬영한 사진)
✔ 신분증(주민등록증, 운전면허증 등)

발급 기관

서울은 각 구청, 지방은 광역 시청, 지방 군청 등에서 여권을 발급받을 수 있다. 주민등록상의 거주지와 관계없이 신청할 수 있다. 여권은 예외적인 경우(질병·장애, 18세 미만 미성년자)를 제외하고는 본인이 직접 신청해야 한다. 신청 후 4~5일이면 발급되고, 여권을 찾으러 갈 때는 신분증이 필요하다.

외교부 여권 안내 홈페이지 www.passport.go.kr
외교부 여권과 헬프라인 02-733-2114

중국 비자 신청

중국을 여행하려면 비자가 필요하다. 중국 비자는 종류가 무척 다양한데, 여행 목적일 때는 관광 비자(L)를 신청하면 된다. 관광 비자도 종류가 여러 가지니, 개인 사정에 따라 선택해서 발급받자. 2~4명이 같은 항공 일정으로 출국하여 같이 귀국한다면, 개인 비자보다 저렴한 별지 비자를 신청할 수는 있다. 하지만 특별한 공지 없이 발급이 자주 중단된다. 별지 비자는 주민번호 뒷자리가 125, 225, 325, 425로 시작하는 경우 접수가 불가능하다. 별지 비자가 발급되면 15일 안에 중국으로 입국해야 하니, 출발하기 3~5일 전에 발급되도록 날짜를 잘 계산하여 신청한다. 비자 신청은 주한 중국 대사관에서 지정한 중국 비자 센터 또는 여행사를 통해서 한다. 여행사를 이용하면 비자발급 수수료 외에 별도의 대행료가 추가된다. 수속 처리 기간은 최소 4일이고, 처리 기간을 단축하면 발급 수수료가 인상된다(별지 비자는 여행사 대행 요금, 나머지는 중국 비자 센터 기준).

비자 종류	유효 기간/체류 기간	입국 가능 횟수	발급 수수료
별지 비자	접수일로부터 14일 / 28일	1회	50,000원
관광 30일	3개월 / 30일	1회	55,000원
관광 90일	3개월 / 90일	1회	55,000원
더블	6개월 / 30일	2회	73,000원

구비서류

✔ 비자 발급 신청서

✔ 여권(유효 기간 6개월 이상)

✔ 사진 1매(6개월 이내에 촬영한 사진)

✔ 신분증(주민등록증, 운전면허증 등) 복사본

중국 비자 센터

주소 서울특별시 중구 한강대로 416 서울스퀘어(原 대우빌딩) 6층
전화 1670-1888 **홈페이지** www.visaforchina.org

중국 비자 보는 방법

❶ 비자 종류 ❷ 비자 입국 유효 기간 ❸ 비자 발급 날짜

❹ 비자 소지자의 성명(보통 영문 성姓 전체와 영문 이름의 약자로 표시)
예) Alan Brown은 중국 비자에 A. Brown으로 표시된다. 단, 비자 코드(비자 스티커 하단의 마지막 두 줄) 상에 비자 소지자의 성명 전체가 표시된다.

❺ 비자 소지자의 생년월일 ❻ 비자 입국 차수 ❼ 비자 체류 기한

❽ 비자 발급 장소 ❾ 여권 번호

항공권 구입

항공권은 시즌별, 항공사, 체류 기간, 좌석의 종류 등에 따라 요금이 천차만별이다. 나에게 꼭 맞는 항공권을 저렴하게 구입하려면 부지런히 알아보고, 꼼꼼히 따져 봐야 한다.

성수기와 비수기 구분

항공권은 성수기와 비수기 요금 차이가 크다. 칭다오의 최고 성수기는 7~8월과 5월 1일 노동절 연휴, 10월 1일 국경절 연휴, 추석 연휴 기간에 가장 비싸다. 또, 주말이 평일보다 요금이 비싸다. 저가 항공의 경우 성수기를 몇 달 앞두고 조기 발권을 하면 할인 혜택이 주어지기도 하니, 항공사 사이트를 수시로 확인하자.

예약하기

항공권을 구입할 때는 환불 규정, 귀국일 변경 가능 여부 등의 제한 사항을 꼼꼼히 확인하자. 예약은 항공사 홈페이지나 여행사를 통해서 할 수 있다. 예약에는 여권에 기재된 영문 이름, 여권 번호가 필요하다. 항공권에 사용한 영문 이름과 여권에 기재된 영문 이름은 반드시 일치해야 하며, 다를 경우에는 항공기 탑승이 거부될 수 있다. 예약한 항공권은 돈을 지불하고 발권을 해야 진짜 내 것이 된다. 늦어도 출발 일주일 전까지 발권을 확정하자.

전자 항공권
e-Ticket

발권된 항공권은 전자 항공권이라고 부르는 이티켓(e-Ticket)을 이메일로 받는다. 이메일로 항공권을 받으면 영문 이름, 여권 번호, 항공편명, 출발·도착 도시, 출발·도착 날짜를 꼼꼼히 확인한다.

항공사 사이트

- 대한항공(KE) kr.koreanair.com
- 아시아나항공(OZ) www.flyasiana.com
- 에어부산(BX) www.airbusan.com
- 제주항공(7C) www.jejuair.net
- 티웨이항공(TW) www.twayair.com
- 중국국제항공(CA) www.airchina.kr
- 중국동방항공(MU) www.easternair.co.kr
- 산동항공(SC) www.shandongair.com.cn

여행사 사이트

- 인터파크 투어 tour.interpark.com
- 투어익스프레스 www.tourexpress.com

환전하기

한국에서 중국 런민비(人民币, RMB, 위엔화)로 환전해 가는 것이 편하고, 비상용으로 국제 체크카드나 신용카드를 준비해 가자. 칭다오 시내에 있는 중국은행, 공상은행, 교통은행 등의 ATM기에서 국제 체크카드로 현금을 편리하게 인출할 수 있다. 신용카드는 만일을 대비한 결제 수단이라고 생각하는 것이 좋다.

여행자 보험 가입

해외여행을 떠날 때는 여행자 보험에 반드시 가입하자. 현지에서 물품을 분실하거나 사고를 당해 치료를 받게 되면 보험 혜택을 받을 수 있다. 물건을 분실했을 때는 관할 경찰서에서 도난 증명서를 반드시 받아와야 하고, 병원 치료를 받았다면 증빙 서류(진단서, 병원비, 약값 영수증)를 챙겨 온다. 귀국 후에 보험 회사에 증빙 서류를 우편으로 보내면 심사 후 보험금을 지급한다.

여행 가방 꾸리기

여행을 즐겁게 하려면 짐이 가벼워야 한다. 가져갈까 말까 고민되는 물건은 아예 빼자. 공항에서 사용할 여권, 항공권, 프린트한 e-Ticket, 지갑, 휴대 전화 등은 항상 휴대할 가방에 넣어 두자.

꼭 챙겨야할 것

여권과 항공권

여권의 앞면 사진이 있는 부분과 중국 비자 부분은 2부 복사해서 챙겨간다. 여권을 분실했을 때 새로 발급 받으려면 여권 사본이 필요하기 때문이다. 여권 사본은 큰 가방과 보조 가방에 각각 따로 보관한다. 또 하나 좋은 방법은 여권과 비자를 스캔 받아 개인 메일로 보내놓는 것이다. 이메일로 받은 전자 항공권도 메일함에서 버리지 말고 보관하자.

❷ 옷차림

봄에는 바람이 많이 부니 점퍼를 준비하고, 다른 계절은 한국과 크게 차이 없으니 한국에서 입던 옷 그대로 준비하면 된다.

❸ 세면도구

유스호스텔의 도미토리를 제외하고, 대부분의 숙소에서 1회용 칫솔, 비누, 샴푸, 타월을 제공한다. 그러나 숙소에 따라 품질은 천차만별이다. 고급 호텔에 머무는 것이 아니라면 따로 준비해 가는 것이 좋다.

❹ 비상 약품

감기약, 진통제, 소화제, 지사제, 소독약, 밴드는 기본으로 챙긴다. 따로 복용하는 약이 있다면 넉넉하게 챙긴다.

❺ 우산과 선글라스

만약을 대비해 우산을 준비하는데, 이왕이면 가방에 들어가는 작은 크기로 가져가자. 선글라스와 모자, 선크림은 계절에 관계없이 필수품이다.

인천 국제공항 출국 & 칭다오 입국

인천 국제공항 에서 출국

우리나라에서 칭다오로 가는 항공은 인천 국제공항과 김해 국제공항에서 출발한다. 공항에는 항공편 출발 2시간 전까지 반드시 도착해야 하고, 출국 수속과 면세점 쇼핑을 여유롭게 하려면 3시간 전까지 도착하도록 한다. 이번 장에서는 여행자가 많이 이용하는 인천 국제공항을 중심으로 출국 수속을 안내한다.

공항으로 가는 방법

인천 국제공항으로 가는 방법은 두 가지다. 전국 각지에서 운영하는 공항버스를 타거나 서울에서 인천 국제공항까지 운행하는 공항철도를 이용한다. 인천 국제공항 홈페이지에서 전국으로 연결되는 공항버스 노선을 확인할 수 있다. 공항열차는 서울역에서 인천공항까지 논스톱으로 연결되는 직통 열차(43분 소요, 30분 간격), 중간에 지하철역에서 정차하는 일반 열차(56분 소요, 12분)가 있다.

- 인천 국제공항 www.airport.kr
- 공항리무진 www.airportlimousine.co.kr
- 코레일 공항철도 www.arex.or.kr

출국 수속

STEP 1

탑승 수속

인천 국제공항 출국장은 3층이다. 3층에 도착하면 '운항 정보 안내 모니터'에서 본인이 탑승할 항공편의 수속 카운터(A~M)를 확인한다. 해당 카운터로 가서 여권과 인쇄한 항공권(E-Ticket)을 제출하면 좌석 번호와 탑승구 번호가 적힌 보딩 패스(Boarding Pass)를 준다. 중국으로 보낼 수화물도 카운터에서 수속한다. 현금과 귀중품(노트북, 사진기)이 든 가방은 휴대하고, 캐리어나 큰 짐은 수화물로 보낸다. 이때 100ml가 넘는 액체와 젤류는 기내 반입이 불가하므로 모두 수화물에 넣어서 보낸다. 짐을 부치면 클레임 태그(Claim Tag)라는 스티커 영수증을 준다. 수화물 분실 사고가 발생할 경우, 이 영수증으로 짐의 행방을 추적할 수 있으니 잘 보관하자.

STEP 2

출국장

출국장으로 들어가기 전에 환전, 보험 가입, 로밍 서비스 등 필요한 준비가 끝났는지 체크한다. 모든 준비가 끝났으면 탑승권과 여권을 들고 출국장으로 들어간다.

STEP 3

세관 신고

US$10,000 이상을 소지하였거나, 보석, 골프채, 고가의 카메라 등을 가지고 간다면 세관 신고대에서 '휴대물품반출신고서'를 작성한다. 만약 신고를 안 하면 귀국할 때 해외에서 구입한 물건으로 분류돼 거액의 관세를 물 수 있다. 신고할 물품이 없으면 곧바로 보안 검색대로 향한다.

STEP 4

보안 검색

검색대 직원의 안내에 따라 가지고 있는 물품을 모두 바구니에 담는다. 주머니의 소지품은 모두 꺼내 놓고, 노트북을 가지고 있다면 꺼내서 따로 바구니에 담는다. 엑스레이를 통과하면 곧바로 출국 심사대와 연결된다.

STEP 5

출국 심사

출국 심사대에 줄을 서서 기다리다 자신의 순서가 되면 심사관에게 여권과 보딩 패스를 제출한다. 심사관이 출국 도장을 찍고 여권과 보딩 패스를 돌려주면 출국 절차가 끝난다. 출국 심사대를 지나면 면세 구역에 들어선다.

STEP 6

탑승동으로 이동

면세점 쇼핑을 하기 전에 먼저 보딩 패스에 적힌 탑승구 번호(Gate Number)를 확인한다. 대한항공과 아시아나항공, 제주항공은 해당 게이트(탑승구 번호 1~50번까지)로 바로 이동할 수 있지만, 티웨이항공과 외국 항공사를 이용하는 경우 900m쯤 떨어진 탑승동으로 이동해야 한다. 탑승구 번호 101~132번이 여기에 해당한다. 탑승동으로 가려면 27, 28번 게이트에 있는 에스컬레이터를 타고 지하로 내려가 지하철처럼 생긴 스타 라인(Star Line)을 타고 이동해야 한다.

STEP 7 항공기 탑승

해당 게이트 앞에 대기하다가 탑승 시간에 맞춰 항공기에 탑승한다. 탑승 수속은 출발 30분 전에 시작해서 출발 10분 전에 마감한다.

칭다오 입국

인천 국제공항에서 칭다오 류팅 국제 공항까지는 비행기로 1시간 10분 걸린다.

중국은 모든 국제공항에서 출입국 수속을 마치고 공항 입국장으로 나가는 출입문 앞에서 한 번 더 수화물을 보안 검색한다. 가지고 있는 가방과 짐을 엑스레이에 통과시키면 된다.

STEP 1 기내에서 입국 카드 작성

비행기에서 승무원들이 미리 중국 입국 신고서인 'ENTRY CARD'를 나눠 준다. 영문 이름, 여권 번호 등 기본적인 인적 사항을 적는 것이라 어렵지 않다. 주소를 적게 돼 있는 'Intended Address in China' 칸에는 예약한 숙소의 이름과 주소를 적으면 된다.

STEP 2 도착

비행기가 착륙하면 짐을 가지고 루징(入境, Immigration)이라고 적힌 파란색 표지판을 따라 입국 심사대로 간다.

STEP 3 입국 심사

입국 심사대에서 여권과 입국 신고서를 제출하면 별다른 질문 없이 여권에 입국 도장을 찍어 준다.

STEP 4 수화물 수취

입국 심사대를 통과하면 전광판에서 본인이 타고 온 항공편명을 확인한다. 항공편명 옆에 해당 컨베이어 벨트 번호가 적혀 있다. 해당 컨베이어 벨트로 이동해서 수화물을 찾으면 된다.

STEP 5 세관 검사

짐을 찾은 후에는 세관 검사대를 통과한다. 그리고 한 번 더 짐을 보안 검색대에 통과시켜 검사한다.

STEP 6 입국장

세관을 지나면 입국장 문이 열리고 칭다오 여행이 시작된다.

QINGDAO
여행 회화

📍 기본 표현

안녕하세요.	你好。니하오.
감사합니다.	谢谢。씨에시에.
천만에요.	不客气。부커치.
미안합니다.	对不起。뚜웨이부치.
괜찮아요.	没关系。메이꽌시.
안녕히 가세요.	再见。짜이지엔.
만나서 반가워요.	见到你很高兴。지엔따오니헌까오싱.
저는 한국인입니다.	我是韩国人。워스한궈런.
다시 한 번 말해 주세요.	请再说一遍。칭짜이슈어이삐엔.
천천히 말해 주세요.	请说慢一点。칭슈어만이디엔.
저는 중국어를 할 줄 몰라요.	我不会说汉语。워부훼이슈어한위.
영어로 말해 주세요.	请说英语。칭슈어잉위.
네.	是。스.
아니오.	不是。부스.
있어요.	有。여우.
없어요.	没有。메이여우.
좋아요.	好。하오.
싫어요.	不好。뿌하오.

이것	这个。쩌거
저것, 그것	那个。나거
이건 뭐예요?	这是什么?쩌스션머?
어디에 있나요?	在哪里?짜이나리?
몰라요.	不知道。뿌쯔따오.

📍 숫자

0	零 링	6	六 리우	20	二十 얼스
1	一 이	7	七 치	30	三十 싼스
2	二 얼, 两 량	8	八 빠	100	一百 이바이
3	三 싼	9	九 지우	200	二百 얼바이, 两百 량바이
4	四 쓰	10	十 스	1000	一千 이치엔
5	五 우	11	十一 스이	2000	两千 량치엔

📍 공항에서

당신의 방문 목적이 무엇입니까?	你来访目的是什么? 니라이팡무띠스션머?
나는 여행하러 왔습니다.	我是来旅游的。워스라이뤼여우더.
얼마나 머물 예정입니까?	你要待多久? 니야오다이뚜어지우?
3일입니다.	三天。싼티엔.
수화물은 어디에서 찾나요?	托运的行李在哪儿取? 투어윈더싱리짜이날취?
짐이 없어졌어요.	我的行李不见了。워더싱리부찌엔러.

📍 교통, 길 묻기

칭다오 기차역은 어떻게 가나요?	青岛火车站怎么走? 칭다오훠처짠전머저우?
지하철역은 어디에 있나요?	地铁站在哪儿? 띠티에짠짜이날?

근처에 까르푸가 있습니까?	这附近有没有家乐福? 쩌푸진여우메이여우쟈러푸?
표는 어디에서 삽니까?	在哪儿买票? 짜이날마이피아오?
표는 얼마입니까?	票多少钱? 피아오 뚜어샤오 치엔?
몇 시에 출발하나요?	几点出发? 지디엔추파?

- 버스 정류장 公交车站 [꽁지아오처짠]
- 마트 超市 [차오스]
- 병원 医院 [이위엔]
- 약국 药房 [야오팡]
- 은행 银行 [인항]
- 파출소 派出所 [파이추쑤어]
- 경찰국 公安局 [꽁안쥐]
- 화장실 厕所 [처쑤어], 洗手间 [시셔우젠]

📍 숙소에서

예약하고 싶어요.	我想预定。 워샹위띵.
예약했습니다.	预定了。 위띵러.
하룻밤에 얼마예요?	一晚多少钱? 이완뚜어샤오 치엔?
아침 식사 포함이에요?	含早餐吗? 한자오찬마?
방에 카드 열쇠를 두고 나왔습니다.	我把房卡放在房间了。 워바팡카팡짜이팡지엔러.
수도꼭지가 고장이 났습니다.	水龙头坏了。 쉐이롱터우화이러.
인터넷을 할 수 있습니까?	网络可以用吗? 왕뤄커이용마?
짐을 보관해 주세요.	请代保管行李。 칭따이바오관싱리.
체크아웃 하겠습니다.	我要退房。 워야오퉤이팡.
계산이 틀렸어요.	钱算错了。 치엔쏸추어러.

- 보증금 押金 [야진]
- 표준룸 标准间 [비아오준젠]
- 1인실 单人间 [딴런팡]
- 에어컨 空调 [콩티아오]
- 텔레비전 电视 [띠엔스]
- 변기 马桶 [마통]

286

📍 물건 살 때

얼마예요?	多少钱? 뚜어샤오치엔?
너무 비싸요.	太贵了。 타이꾸웨이러.
깎아 주세요.	便宜一点。 피엔이이디엔.
입어 봐도 되나요?	我能试一下吗? 워넝스이샤마?
탈의실이 어디 있죠?	请问试衣间在哪儿? 칭원스이젠짜이날?
더 큰 사이즈 있어요?	有大一点儿的吗? 여우따이디얼더마?
좀 작은 사이즈 있어요?	有小一点儿的吗? 여우샤오이디얼더마?
할인됩니까?	有打折吗? 여우다저마?
20% 할인됩니다.	打8折。 다빠저.

📍 음식점에서

메뉴판을 주세요.	请给我菜单。 칭게이워차이딴.
밥부터 먼저 주세요.	先上米饭吧。 시엔샹미판바.
고수는 넣지 마세요.	请不要放香菜。 칭부야오팡샹차이.
(훠궈 먹을 때) 육수를 더 넣어 주세요.	请加点儿汤。 칭쟈디얼탕.
물 좀 주세요.	请给我水。 칭게이워쉐이.
포장해 주세요.	请打包。 칭다빠오.
계산해 주세요.	买单。 마이딴.

응용 단어

- 뜨거운 물 开水 [카이쉐이]
- 차가운 물 冷水 [렁쉐이]
- 맥주 啤酒 [피지우]
- 콜라 可乐 [컬러]
- 사이다 汽水 [치쉐이]
- 냅킨 餐巾纸 [찬진즈]
- 영수증 发票 [파피아오]

지금,도

지도 서비스

여행 가이드북 〈지금, 시리즈〉의 부가 서비스로, 해당 지역의 스폿 정보 및 코스 등을
실시간으로 확인하고 함께 정보를 공유하는 커뮤니티 사이트입니다.

http://now.nexusbook.com

지도 서비스 '지금도' 에 어떻게 들어가나요?

1 녹색창에 '지금도'를 검색한다.
2 QR코드를 찍는다.
3 도메인에 now.nexusbook.com을 친다.
4 여행에 대한 궁금한 사항은 저자들의 친절한 답변으로 해결한다.